21世纪高等学校计算机规划教材

21st Century University Planned Textbooks of Computer Science

大学计算机应用实验教程

Experimental Course for Fundamental of Computers

顾淑清 夏京星 主编

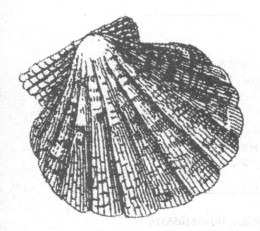

高校系列

人民邮电出版社

北 京

图书在版编目（ＣＩＰ）数据

大学计算机应用实验教程 / 顾淑清，夏京星主编
. -- 北京：人民邮电出版社，2012.9（2015.7 重印）
21世纪高等学校计算机规划教材
ISBN 978-7-115-29086-1

Ⅰ. ①大… Ⅱ. ①顾… ②夏… Ⅲ. ①电子计算机－
高等学校－教材 Ⅳ. ①TP3

中国版本图书馆CIP数据核字(2012)第179717号

内 容 提 要

本书是作者结合多年的大学计算机基础课程教学经验，并充分吸收了优秀教材的优点编写的，系统介绍了大学计算机基础的实用技术，全书共 9 章，内容包括计算机系统安装与维护、操作系统 Windows 7、文字处理软件 Word 2010、电子表格软件 Excel 2010、演示文稿制作软件 PowerPoint 2010、Internet 应用、图片处理软件 Photoshop CS4、会声会影软件 X4、网页制作软件 Dreamweaver CS4。本书力求内容新、技术实用、通俗易懂，使学生在短时间内掌握计算机实用技术和操作技巧。各章均配有上机实验习题，以方便教师教学和学生自学。

本书既可作为高等学校相关专业计算机公共基础课程的教材，也可以作为计算机基础知识的培训教材及计算机爱好者的自学参考用书。

21 世纪高等学校计算机规划教材

大学计算机应用实验教程

◆ 主　　编　顾淑清　夏京星
　　责任编辑　李海涛

◆ 人民邮电出版社出版发行　　　北京市丰台区成寿寺路 11 号
　　邮编　100164　　电子邮件　315@ptpress.com.cn
　　网址　http://www.ptpress.com.cn
　　北京鑫正大印刷有限公司印刷

◆ 开本：787×1092　1/16
　　印张：15　　　　　　　　2012 年 9 月第 1 版
　　字数：386 千字　　　　　2015 年 7 月北京第 3 次印刷

ISBN 978-7-115-29086-1
定价：32.00 元
读者服务热线：(010)81055256　印装质量热线：(010)81055316
反盗版热线：(010)81055315
广告经营许可证：京崇工商广字第 0021 号

前　言

随着网络化时代的到来，计算机知识与应用能力已经成为高等院校培养目标的主要组成部分。本书是根据大学计算机基础课程教学改革的目标与特点，结合高校近年来计算机教学的实际，组织多年从事大学计算机基础教学、经验丰富的教师编写的。全书共 9 章，系统介绍了现代计算机应用的实用技术。

本书内容

第 1 章　计算机系统安装与维护。学生通过本章的学习，了解计算机系统组成、常用工具软件的功能，使学生不但学会操作计算机，还学会了安装计算机相关软件，同时掌握排除简单计算机故障的方法。

第 2 章　Windows 7 操作系统。学生通过本章的学习，了解操作系统 Windows 7 的功能和版本，掌握应用程序操作、文件和文件夹操作、磁盘操作、系统设置的方法。

第 3 章　文字处理软件 Word 2010。通过本章的学习使学生掌握编辑文本、表格、图表、图形、图片、图文混排的方法及制作美观、大方的文档的方法。

第 4 章　电子表格软件 Excel 2010。通过本章的学习使学生掌握编辑表格、图表的方法，掌握公式、函数的用法，并能灵活应用。

第 5 章　演示文稿制作软件 PowerPoint 2010。通过本章的学习使学生掌握使用母版、模板和空白演示文稿创建和打印演示文稿的方法，并运用编辑、修饰、排版、添加动画效果和切换效果、插入背景音乐和视频等操作技术制作出精美的演示文稿。

第 6 章　Internet 应用。通过本章的学习使学生掌握 WWW 浏览器的使用，申请免费邮箱、管理邮件的方法，使用文件传输软件 FTP 上传、下载文件，组建网络，判断网络故障的方法。

第 7 章　图片处理软件 Photoshop CS4。本章重点学习 Photoshop CS4 功能面板、特色功能、滤镜工具、数码照片处理、文字特效等操作技术，书中提供了精美的实例供读者学习。

第 8 章　会声会影软件 X4。通过本章的学习使学生可以轻松地制作视频作品。本章以奥运精彩镜头为素材，介绍了制作影视作品的全过程。

第 9 章　网页制作软件 Dreamweaver CS4。通过本章的学习使学生掌握网站的制作方法及在网页上添加文本图像、表格、超链接等元素的方法，并学会制作简单网页的方法。

本书特色

本书知识点突出、讲解透彻、图文并茂，力求内容新颖、技术实用、通俗易懂，使学生在短的时间内掌握计算机实用技术和操作技巧，提高学生的计算机应用能力，为后续课程的学习打下良好的基础。

本书由顾淑清、夏京星担任主编。参加本书编辑和排版的老师有李默雷、夏菲、刘瑞芳、苏放、郭龙飞、寿心灵、史增喜、吴冰、潘林、周建强、周页、傅秋宁、蔡承明、程雨等。

由于编者的水平有限，书中难免存在不足和错漏之处，敬请读者批评指正。

编　者

2012 年 6 月

目　录

第1章
计算机系统安装与维护

本章学习重点

➤ 　了解计算机系统的组成。

➤ 　了解计算机的配置。

➤ 　掌握生成系统的相关知识。

➤ 　掌握安装操作系统及相关软件的方法。

➤ 　掌握预防计算机病毒的措施。

1.1　基础知识

1.1.1　计算机系统的组成

计算机系统由硬件系统和软件系统两大部分组成。硬件系统部件是计算机进行工作的物质基础，软件系统都是建立在硬件基础之上的，是对硬件功能的完善和扩充。离开了硬件，软件一事无成。这两者是相互依存，相互渗透，相互促进的关系。计算机系统的组成，如图1-1所示。

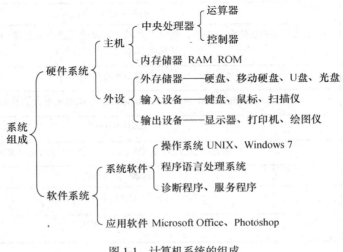

图1-1　计算机系统的组成

1.1.2 硬件系统

1. 电脑的外观

苹果(Apple)MacBook Pro MC725CH/A 17 寸宽屏笔记本，如图 1-2 所示。

图 1-2 苹果（Apple）MacBook Pro MD311CH/A 17 寸宽屏笔记本

2. 电脑的配置参数

苹果笔记本电脑的配置参数，如表 1-1 所示。

表 1.1 苹果笔记本电脑的配置参数

品牌	苹果 Apple
CPU 型号、速度	酷睿四核 Intel Core i7-2760QM 2.4GHz
内存容量	4GB、DDR3 1333
最大支持容量	8GB
硬盘容量 接口	750GB SATA 串行
音频端口	带有低音炮的立体声扬声器、全向麦克风、音频输入迷你插孔(数字/模拟)、音频输出/耳机迷你插孔(数字/模拟)
显卡类型	集显+独显
显示芯片	Intel HD Graphics 3000 和 AMD Radeon HD 6750M,配备图形处理器自动转换
显存容量	1GB GDDR5
光驱类型	8 倍速 SuperDrive (DVD±R DL/DVD±RW/CD-RW)
物理分辨率	1920 × 1200
无线局域网	Wi-Fi (符合 IEEE 802.11n 规范)
网络摄像头	FaceTime HD 摄像头

续表

品牌	苹果 Apple
随机系统	Mac OSX Snow Leopard
三级缓存	L3 6MB 共享
屏幕类型	17 英寸 LED 背光光面宽显示屏
内置蓝牙	Bluetooth 2.1 + EDR (增强的数据速率)模块
局域网	内置 10/100/1000BASE-T (千兆)以太网卡
无线局域网	Wi-Fi (符合 IEEE 802.11n 规范)
接口类型	SATA 串行
光驱类型	8 倍速 SuperDrive (DVD±R DL/DVD±RW/CD-RW)
电池	95W·h 内置锂电池
触摸板	Multi-Touch 触控板实现精准游标控制；支持双指惯性滚读、开合、旋转、轻扫、三指轻扫、四指轻扫、单击、双击和拖曳操作
插槽数量	2×SO-DIMM
IEEE 1394	firewire 800 接口
USB	3 个 USB 2.0 端口 (高达 480 Mbit/s),
分辨率	1920×1200
内置摄像头	FaceTime HD
续航时间	长达 7 小时无线上网

1.1.3　软件系统

1. 系统软件

系统软件是计算机设计制造者提供的，用来控制计算机运行，管理计算机的各种资源，并为应用软件提供支持和服务的一类软件。

系统软件包括操作系统、语言编译系统、数据库管理系统、系统诊断和服务程序等。

（1）操作系统

操作系统（Operating System，OS）是一个庞大的管理控制程序，主要用于管理计算机硬件、软件资源，合理地组织计算机的工作流程，协调计算机系统的各部部件之间的关系，控制程序运行，完成用户指定的任务。从用户的角度来看，当计算机安装了操作系统以后，用户不再直接操作计算机硬件，而是利用操作系统所提供的图形界面来操作计算机。常用的操作系统有 Windows XP、Windows 7 等，如图 1-3 所示。

（2）程序设计语言

计算机解题的一般过程是：用户用计算机语言编写程序，输入计算机，然后由计算机将其翻译成机器语言，在计算机上运行后输出结果。程序设计语言的发展经历了五代，包括机器语言、汇编语言、高级语言、非过程化语言和智能语言。

（3）语言处理程序

计算机只能直接识别和执行机器语言，因此要计算机上运行高级语言程序就必须配备程序语言翻译程序，翻译程序本身是一组程序，不同的高级语言都有相应的翻译程序。

图 1-3　Windows 7 操作系统软件

用高级语言编写的程序称为源程序。源程序必须经过编译、链接和执行才能最终完成程序的执行结果，如图 1-4 所示。

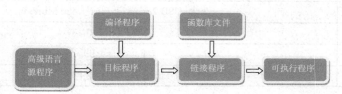

图 1-4　编译、链接的过程

（4）数据库管理系统

数据库管理系统是一种操纵和管理数据库的大型软件，用于建立、使用和维护数据库，缩写为 DBMS。

常见的数据库管理系统有：Oracle、Access、SQL Server 等。

2. 应用软件

应用软件是指针对用户的某种应用目的所编写的程序及相关文件的集合。

常见的应用软件：办公软件 Microsoft Office 2010，计算机辅助设计软件 CAD，软件开发工具 Visual C++、Visual Basic 等。

3. 硬件系统与软件之间的层次关系

操作系统是安装在裸机上的第一层软件，它是对裸机功能的首次扩充。操作系统属于系统软件，但所有的软件必须在操作系统的支持下安装并运行。

硬件系统与软件之间的层次关系，如图 1-5 所示。

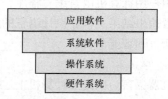

图 1-5　计算机硬件系统与软件的层次关系

1.1.4　计算机的工作原理

1. 指令系统

不同类型的计算机有不同的指令系统。计算机所能识别的一组不同指令的集合，称为该种计算机的指令集合或指令系统。计算机指令包括数据处理指令（加、减、乘、除等）、数据传送指令、程序控制指令、状态管理指令。一个指令规定计算机执行一个基本操作，即每一条指令中明确规定了计算机从哪个地址取数，进行什么操作，然后送到什么地址去等步骤。

2. 程序

程序是计算机要执行的一组指令序列，这组指令序列就被称为程序。用高级语言可以编写各种程序。

3. 计算机的工作原理

计算机的工作原理是存储程序和程序控制。预先要把指挥计算机如何进行操作的指令序列（称为程序）和原始数据通过输入设备输送到计算机内存储器中。计算机在执行程序时，首先 CPU 发出指令地址，按照地址取出第一条指令，并将指令送指令寄存器，通过分析指令，然后按照指令操作码执行指令的功能；接下来，程序计数器加 1，取出下一条指令并执行，依次循环下去直到程序结束为止。总之，计算机的工作过程就是不断地取指令、分析指令和执行指令的过程，最后将计算的结果放入指令指定的存储器地址单元或输出。

计算机的工作过程中所要涉及的硬件部件有控制器、内存储器、指令寄存器、指令译码器、运算器和输入/输出设备等。

1.1.5　安装计算机软件的相关知识

系统生成的流程包括设置 BIOS、安装操作系统、安装硬件驱动程序、安装预防病毒软件、常用工具和应用软件等。系统生成的流程，如图 1-6 所示。下面分别进行介绍。

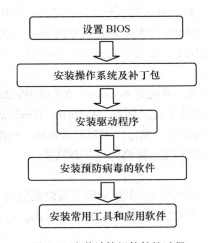

图 1-6　安装计算机软件的过程

1. BIOS 设置

BIOS 程序，又叫基本输入输出系统（Basic Input Output System）。该程序被固化到计算机主板上的 ROM 芯片中，主要是通过 BIOS 设置程序对 CMOS 参数进行设置。BIOS 主要功能包括以下几方面。

（1）自检及初始化。开机后 BIOS 最先被启动，然后它会对计算机的硬件设备进行完全彻底的检验和测试。如果发现问题，分两种情况处理：严重故障停机，不给出任何提示或信号；非严重故障则给出屏幕提示或声音报警信号，等待用户处理。如果未发现问题，则将硬件设置为备用状态，然后启动操作系统，把对计算机的控制权交给用户。

（2）程序服务：BIOS 直接与计算机的 I/O（Input/Output，即输入/输出）设备打交道，通过特定的数据端口发出命令，传送或接收各种外部设备的数据，实现软件程序对硬件的直接操作。

（3）设定中断：开机时，BIOS 会告诉 CPU 各硬件设备的中断号，当用户发出使用某个设备的指令后，CPU 就根据中断号使用相应的硬件完成工作，再根据中断号跳回原来的工作。

修改 CMOS 参数的情况如下。

（1）设置进入 BIOS 程序的密码

设置 BIOS 密码是非常必要的。在主菜单中，选择"Set Supervisor Password"或"User Password"两个子菜单，可以分别设置超级用户和普通用户的口令。

（2）从光盘安装软件

从光盘安装软件时，需要设置 BIOS，目的是将从 C 盘启动改为从光盘启动计算机。

（3）CMOS 数据丢失

在系统后备电池失效、病毒破坏了 CMOS 数据程序、意外清除了 CMOS 参数等情况下，常常会造成 CMOS 数据意外丢失。此时只能重新进入 BIOS 设置程序完成新的 CMOS 参数设置。

（5）系统优化

对于内存读写等待时间、硬盘数据传输模式、内/外 Cache 的使用、节能保护、电源管理、开机启动顺序等参数，BIOS 中预定的设置对系统而言并不一定就是最优的，此时往往需要经过多次试验才能找到系统优化的最佳组合。

提示：CMOS 是微机主板上的一块可读写的 RAM 芯片，主要用来保存当前系统的硬件配置和操作人员对某些参数的设定。CMOS RAM 芯片由系统通过一块后备电池供电，因此无论是在关机状态中，还是遇到系统掉电情况，CMOS 信息都不会丢失。

2. 磁盘分区与文件系统格式

目前，大多数计算机安装的操作系统是 Windows XP 或 Windows 7。其中 SP 的英文全称是 Service Pack，也就是操作系统的补丁包。例如 Microsoft Windows XP SP3 包括了自 2001 年 Windows XP 发布至今的全部升级补丁，也包含黑洞路由侦测、网络访问保护（NAP）、更详尽的安全选项界面、增强了管理员安全和服务策略入口等新功能。

（1）硬盘分区

硬盘的分区由主分区、扩展分区组成。扩展分区又可以划分为若干个逻辑分区。例如，将 2T 的硬盘分成 4 个分区，具体划分为 C 盘 100GB，D 盘 500GB，E 盘 800GB，F 盘 600GB，如图 1-7 所示。

C 盘：用于存放系统文件。

D 盘：用于存放办公应用软件等。

E 盘：用于存放多媒体文件，如 MP3 文件、WMA 文件、AVI、MOV、RM、SWF 等多媒体文件。

F 盘:用于存放娱乐程序，如游戏等。

图 1-7 硬盘分区

（2）硬盘格式化

硬盘分区后，必须分别对其进行格式化。用户只有对硬盘进行了分区和格式化操作后，才能使硬盘具有创建文件和文件夹、保存文件和文件夹等功能。

目前，硬盘分区格式有两种 FAT32 与 NTFS。FAT32 格式能够被 Windows 2000/XP、Linux 操作系统识别，支持小于 4G 的文件，FAT32 以簇为单位来存储数据文件，FAT32 使用的簇比 FAT16 小，提高了硬盘利用效率。

NTFS 分区格式能够被 Windows 2000/XP/7 识别，其特点是支持文件加密管理功能，在使用中不易产生文件碎片，可为用户提供更高层次的安全保证，并且能对用户的操作进行记录，通过对用户权限进行非常严格的限制，使每个用户只能按照系统赋予的权限进行操作，充分保护了系统与数据的安全。最新的 Windows 系统都支持这种分区格式。

3．驱动程序

驱动程序（Device Driver）全称为"设备驱动程序"，是直接工作在各种硬件设备上的软件，操作系统只能通过这个软件，才能控制硬件设备的正常工作。Windows 操作系统附带了大量的通用的驱动程序，但必定有限，所以对一些特殊配置的计算机可能还需要安装随机带的驱动程序。

获取驱动程序的途径如下。

➢ 随机带的配套安装盘。

➢ 操作系统自动提供。

➢ 通过网络下载。

➢ 通过工具软件自动搜索匹配的驱动程序。

4．常用防毒软件

（1）防火墙软件

目前，有许多功能相近的防火墙工具软件，如天网防火墙、瑞星个人防火墙、ZoneAlarm、诺顿防火墙、360 防火墙等。

防火墙就是一个位于计算机和它所连接的网络之间的软件或硬件防火墙，计算机流入流出的所有网络通信均要经过此防火墙，防火墙对网络通信进行过滤，从而防止来自不明入侵者的所有通信。由于经过精心选择的应用协议才能通过防火墙，所以网络环境变得更安全。由于硬件防火墙价格比较贵，所以应用得比较少。

提示：计算机安装防火墙软件是预防病毒的关键，可以说防火墙是预防病毒攻击的第一道防线，即拦截已知的病毒、木马和黑客，而杀毒软件是计算机感染病毒后的一种补救措施。

（2）反病毒软件

反病毒软件也称杀毒软件，是用于消除计算机病毒、特洛伊木马和恶意软件的一类软件。反病毒软件通常集成监控识别、病毒扫描、清除和自动升级等功能，部分反病毒软件通过在系统添加驱动程序的方式，进驻系统，并且随操作系统启动。有的反病毒软件还带有数据恢复等功能。大部分的反病毒软件具有防火墙的功能。

目前，常用的反病毒软件有诺顿杀毒软件、卡巴斯基杀毒软件、360 杀毒软件、瑞星杀毒软件等。

　　瑞星杀毒软件是一款基于瑞星"云安全"系统设计的新一代杀毒软件。其"整体防御系统"可将所有互联网威胁拦截在用户计算机以外。深度应用"云安全"的全新木马引擎、"木马行为分析"和"启发式扫描"等技术保证将病毒彻底拦截和查杀。再结合"云安全"系统的自动分析处理病毒流程，能第一时间极速将未知病毒的解决方案实时提供给用户。

　　卡巴斯基安全部队 2011 具备多项全新以及强化的功能，采用了独创的安全保护技术，能够抵御最新的在线威胁，保护计算机正常运行。用户还可以根据自己的需要进行个性化的安全设置。

　　赛门铁克公司最新推出的诺顿防病毒软件，凭借其独创的基于信誉评级的诺顿全球智能云防护等创新科技，重新定义了全球安全行业最新技术和发展趋势。诺顿防病毒软件无论在防护还是在性能方面的卓越表现，都得到了全球广大用户和专业评测机构的一致好评和共同期待。

　　现在，杀毒软件已经成了人们装机必备软件。建议选择一款相对优秀的反病毒软件安装就可以了。因为，现在预防病毒软件越来越多深入系统底层实现监控，同时安装不同种类的杀毒软件，容易引起冲突，导致杀毒软件无法正常使用，甚至会出现死机、瘫痪的问题。

　　（3）网络安全保护软件

　　360 安全卫士是一款由奇虎网推出的功能强、效果好、受用户欢迎的上网安全软件。360 安全卫士拥有查杀木马、清理插件、修复漏洞、电脑体检、保护隐私等多种功能，并独创了"木马防火墙"、"360 密盘"等功能，依靠抢先侦测和云端鉴别，可全面、智能地拦截各类木马，保护用户的账号、隐私等重要信息。

　　5. 常用工具和应用软件

　　常用工具和应用软件如表 1-2 所示。

表 1-2　　　　　　　　　　　常用工具软件

下载工具		网页浏览		网络聊天	
迅雷		搜狗浏览器		腾讯 QQ	
QQ 旋风		Internet Explorer		MSN	
快车		Chrome		人人网	
视频播放		系统优化		磁盘工具	
暴风影音		Windows 优化大师		PartitionMagic	
射手播放器		超级兔子		ghost	
Windows Mediaplayer		360 安全卫士		DiskGenius	
MP3 播放		杀毒软件		中文输入	
酷我音乐盒		卡巴斯基杀毒		搜狗拼音输入法	
千千静听		诺顿杀毒软件		微软拼音	
QQ 音乐		360 杀毒软件		腾讯拼音	
图像处理		网络安全		网页设计软件	
ACDSee		瑞星防火墙		Dreamweaver	
Snaglt		天网防火墙		Flash	
Photoshop		360 安全卫士		Photoshop	
邮件客户端		办公软件		三维动画软件	
Foxmail		微软 Office		3D MAX 8.0	
QQ 邮箱		金山 WPS		Autodesk	
虚拟光驱		压缩解压		阅读器	
Deamon Tools		WinRAR		Adobe Reader	
Nero		Winzip		SSReader	

1.2　常用软件的安装与设置

1.2.1　从光盘安装操作系统

安装 Windows 7 操作系统可以从光盘安装和使用 Ghost 光盘安装。本书以从光盘安装 Windows 7 为例，介绍安装操作系统的过程。

要求：C 盘分区容量要在 20GB 以上，文件系统格式为 NTFS。

具体步骤如下。

1. 设置光驱启动

笔记本电脑默认是光驱启动。如果笔记本电脑是从硬盘启动操作系统，需要修改 BIOS 中的参数，设置 BIOS 使电脑从光盘启动。

不同品牌的电脑进入 BIOS 的方式有所不同，IBM 笔记本电脑开机后按【F1】键进入 BIOS；HP、Acer、Dell 笔记本电脑开机后按【F2】键进入 BIOS；Compaq 笔记本电脑开机后按【F10】键进入 BIOS。下面举例说明。

Award BIOS 6.0 设置。

启动电脑→按【Del】键进入 BIOS→找到 Advanced Bios Features（高级 BIOS 参数设置）按回车键进入 Advanced Bios Features（高级 BIOS 参数设置）界面→找到 First Boot Device→用【PgUp】或【PgDn】翻页将 HDD-O 改为 CDROM（光驱启动）→按【ESC】键返回主菜单→按【F10】键保存并退出。

AMI BIOS 8.0 设置。

启动电脑→按【Del】键进入 AMI BIOS 设置程序主界面→在上方菜单中用方向键选中"Boot"项并回车→在打开的界面中用上下方向键选中"Boot Device Priority"使其反白显示并回车→在 Boot Device Priority 界面中用上下方向键选"1st Boot Device"，使其反白显示并回车→在"Options"对话框中用上下方向键选中 "PS-ATAPI CD-ROM"（光驱启动）→使其反白显示并回车→可以看到"1st Boot Device"，第一启动已成为光驱启动→按【F10】键保存并退出。

2. 重启电脑

重启电脑后→进入系统安装界面→设置语种等首选项→单击"下一步"命令按钮。

3. 准备安装 Windows 7

屏幕出现安装确认的窗口→单击"现在安装（I）"命令按钮→选择要安装的操作系统的版本。选择"32 位版本"→单击"下一步"命令按钮。

4. 确认接受许可条款

单击"我接受许可条款"→单击"下一步"命令按钮。

5. 选择安装类型

选择"自定义（高级）"选项，则系统进行全新安装。

6. 进入分区界面

选择磁盘 0 分区 1，即 C 盘→单击"驱动器选项（高级）"→格式化 C 盘→单击"下一步"(注意:一定要格式后再继续往下安装)。

提示：驱动器选项用于创建分区、删除分区、格式化等操作。

7. 开始安装 Windows 7

安装完毕后→设置用户名和计算机名→单击"下一步"命令按钮。

8. 设置账户密码

输入账户密码→单击"下一步"命令按钮。如果不设置密码，可以直接单击"下一步"跳过此步。

9. 设置产品密钥

输入产品密钥→单击"下一步"命令按钮，也可以直接单击"下一步"铵钮跳过此步。

10. 设置时间、日期

单击"使用推荐设置"选项→查看时间和日期的设置，单击"下一步"→完成设置后进入 Windows 系统。

提示：在安装操作系统后，应该及时安装操作系统的补丁程序和硬件驱动程序，以保证操作系统的正常运行。安装操作系统的补丁程序时，最好把补丁程序复制到本计算机来安装，以确保计算机的安全。Windows 7 的桌面，如图 1-8 所示。

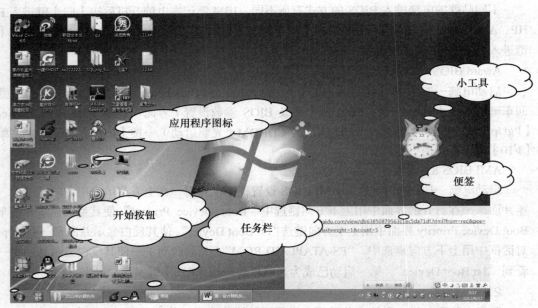

图 1-8　Windows 7 桌面

1.2.2　安装硬件驱动程序

驱动程序的英文名为"Device Driver"，全称为"设备驱动程序"。它是一种可以使计算机和设备通信的特殊程序，可以说相当于硬件的接口，操作系统只有通过这个接口，才能控制硬件设备的工作。例如某设备的驱动程序未能正确安装，则不能正常工作。

安装操作系统程序后，硬件驱动程序基本上都安装好了，但是，也存在特殊的情况，最好通过"设备管理器"进行检查后再安装。凡是设备前带黄色提示符号的，表示驱动程序不匹配，带感叹号提示符号的表示该驱动程序冲突。

安装驱动程序的方法：手动安装和自动安装。

1. 手动安装

手动安装具体操作如下。

① 将驱动程序光盘放到光驱中。

② 单击"开始"按钮→选择"控制面板"中的"设备管理器"命令→打开"设备管理器"窗口。

③ 在"设备管理器"窗口中→检查硬件前面是否有黄色的"？"→如果有"？"，说明驱动程序不匹配；有"！"，说明该驱动程序冲突、未安装。

④ 用鼠标右键单击带有"黄色问号"或"感叹号"提示标志的硬件或设备项→选择快捷菜单"更新驱动程序"命令→屏幕显示"硬件更新向导"窗口。

⑤ 在"硬件更新向导"对话框→选择"从列表或指定位置安装（高级）"→单击"下一步"按钮→选择"搜索可移动媒体"复选框→系统将自动搜索并安装光盘中合适的驱动程序→直到完成安装。

⑥ 硬件驱动安装正确，设备管理器显示窗口如图 1-9 所示。

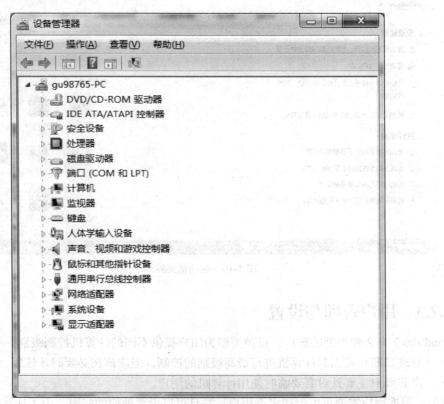

图 1-9　设备管理器

2. 自动安装

自动安装指通过工具软件自动识别并安装驱动程序。例如，利用"驱动精灵"工具能够智能识别、匹配计算机硬件驱动，并提供快速的下载与安装。

具体操作方法如下。

➢ 启动"驱动精灵"软件→选择"重新检测"→选择相应的硬件驱动安装即可，如图 1-10所示。

检测计算机驱动程序的方法如下。

➢ 可以通过"驱动精灵"工具软件智能识别、自动匹配计算机硬件最新的驱动程序，用户可以有选择地进行更新硬件驱动程序。

提示：对于计算机系统的主板、显卡、网卡等设备的驱动程序最好通过"驱动精灵"工具软件进行更新，更新后才能使这些设备发挥最大功效。

图 1-10　驱动精灵界面

1.2.3　用户管理与设置

Windows 7 有 2 种类型的账户，每种类型为用户提供不同的计算机控制级别。

➢ 管理员账户可以对计算机进行最高级别的控制，但应该在必要时才使用。

➢ 来宾账户主要针对需要临时使用计算机的用户。

提示：根据用户需要可以创建多个用户，并且可以设置他们的权限。为了计算机的安全最好使用具有管理员权限的账户，而禁用 Guest 账户。

1. 设置管理员密码

具体设置方法如下：

① 使用鼠标右键单击"计算机"图标→选择快捷菜单中的"管理"命令→打开"计算机管理"窗口；

② 在"计算机管理"窗口→单击"用户名和组"按钮→双击"用户"按钮；

③ 在"Administrator"上单击鼠标右键，显示快捷菜单，如图 1-11 所示；

④ 选择快捷菜单中的"设置密码"命令即可设置密码或修改密码。

提示：管理员密码可以选择字母、数字、下画线等字符序列，一般管理员密码长度为 1～15 个字符。

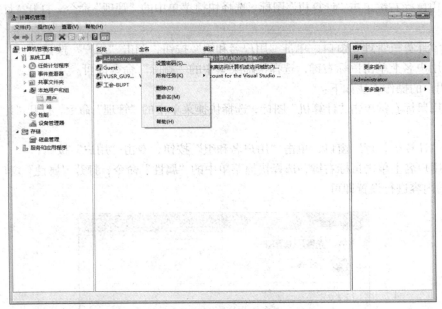

图 1-11　设置管理员密码

2. 添加新用户

添加新用户的具体操作方法如下：

① 使用鼠标右键单击"计算机"图标，选择快捷菜单中的"管理"命令，打开"计算机管理"窗口；

② 在"计算机管理"窗口，单击"用户名和组"按钮，双击"用户"按钮；

③ 在空白处单击鼠标右键，选择快捷菜单中的"新用户"命令，显示新用户窗口，如图 1-12 所示；

④ 输入相关信息和密码即可。

图 1-12　创建新用户

3. 删除用户或禁用用户

删除用户的操作方法如下：

① 使用鼠标右键单击"计算机"图标，选择快捷菜单中的"管理"命令，打开"计算机管理"窗口；

② 在"计算机管理"窗口，单击"用户名和组"按钮，双击"用户"按钮；

③ 在用户名上单击鼠标右键，选择快捷菜单中的"删除"命令即可。

禁用用户的操作方法如下：

① 使用鼠标右键单击"计算机"图标，选择快捷菜单中的"管理"命令，打开"计算机管理"窗口；

② 在"计算机管理"窗口，单击"用户名和组"按钮，双击"用户"按钮；

③ 在用户名上单击鼠标右键，选择快捷菜单中的"属性"命令，打开"属性"窗口，按照图1-13 所示的内容进行设置即可。

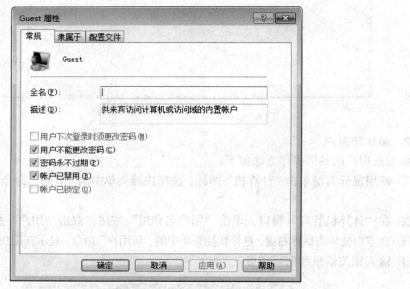

图 1-13　禁用 Guest 用户

1.2.4　安装常用软件及注意事项

安装常用软件通常经过以下操作步骤进行，具体操作如下：

（1）启动安装向导 SETUP.EXE，按照向导提示进行操作；

（2）显示安装软件的许可协议，选择"我同意"即可；

（3）输入序列号，软件序列号是软件的制造者为了保护自己的权益不被他人侵犯而设定的使用权限。只有拥有序列号的用户才是合法用户，才能够正常使用该软件；

（4）输入保存软件的位置或选择默认保存位置。

安装软件时注意事项如下。

➢ 根据需要选择安装必要的软件。尽量少装些不必要的软件，相同功能的软件要精挑细选，避免占用资源，影响计算机的速度。

➢ 下载软件一定要到正规的网站去下载，例如，新浪网、太平洋电脑网等。软件下载后一定要进行病毒扫描。

➢ 下载的软件多数是一个压缩包文件，必须解压缩后才能安装并使用。

➢ 安装软件时，通常使用可执行文件"Setup.exe"进行安装。安装软件后的桌面，如图 1-8 所示。

1. 计算机常用软件及工具软件

（1）安全方面的工具软件

➢ 个人防火墙工具软件：对于计算机来说防火墙必不可少，特别是拦截木马和黑客方面它是高手，如安装个人天网防火墙。

➢ 查杀毒工具软件：安装一款查杀毒工具软件，如瑞星杀毒软件、诺顿杀毒软件、360 杀毒软件、卡巴斯基杀毒软件等。

➢ 网络安全工具软件：安装 avast 网络安全软件，主要用于防病毒、反间谍软件、反垃圾邮件和防火墙等。和查、杀木马病毒。

（2）系统保护工具软件

安装"一键恢复"工具软件，用于系统备份与恢复。当操作系统遭到病毒攻击后，可以用它恢复系统。

（3）系统优化大师工具软件

安装 Windows 7 优化大师，主要用于优化系统，清理系统垃圾文件和维护系统安全等。常用的系统优化大师工具软件有 Windows 7 优化大师、超级兔子等。

（4）汉语输入软件

一般 Windows 在典型安装后，系统提供了英语、全拼、微软拼音、郑码及智能 ABC5 种中文输入法。用户根据需要可以安装其他中文输入法，例如，搜狗拼音输入法等。

（5）常用工具软件

计算机常用工具有下载工具迅雷、搜狗浏览器、腾讯 QQ、暴风影音、搜狗拼音输入法、千千静听、编辑图片 ACDSee、阅读器 Adobe Reader、压缩解压缩软件 WinRAR、飞信 2011 等软件。

2. 计算机应用软件

（1）办公软件

办公软件包括 Microsoft Office Word 2010 文字处理软件、Microsoft Office Excel 2010 电子数据表程序、Microsoft Office PowerPoint 2010 演示文稿等软件。

（2）软件开发工具软件

软件开发工具软件包括 Visual Studio C++高级语言、Java 高级语言、Visual Basic、Delphi 等。

1.3　系统安全与维护

1.3.1　安装系统补丁程序

软件在应用过程中逐渐会发现一些问题或漏洞，统称为 BUG。这些 BUG 可能使用户在使用该软件时出现干扰工作或有害于安全的问题，软件公司针对 BUG 编写一些可插入源程序的程序，这些程序被称为补丁程序。如果系统存在漏洞，必须及时补漏，以防止恶意软件的攻击。

1．利用软件修复系统漏洞

利用 360 安全卫士或超级兔子软件进行系统的更新和修补系统漏洞。

具体操作如下：

① 双击"360 安全卫士"图标→打开"360 安全卫士"软件窗口；

② 单击"修复漏洞"项→对计算机进行检测并显示需要修复的软件名称；

③ 单击"全选"复选框→单击"修复漏洞"命令按钮即可，如图 1-14 所示。

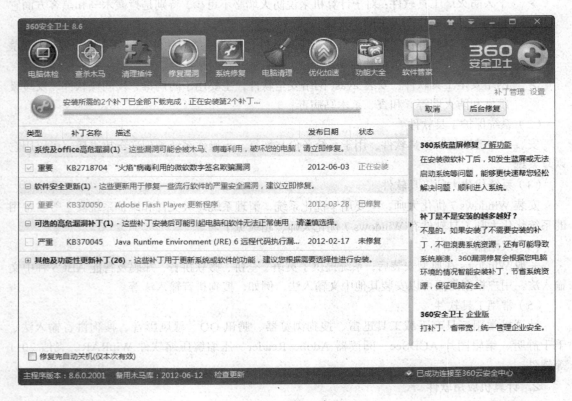

图 1-14　修复系统漏洞窗口

提示：对于不能正常安装的补丁程序，可以选择在安全模式下安装。

2．软件升级

软件升级具体操作步骤如下：

① 双击"360 安全卫士"图标→打开"360 安全卫士"软件窗口；

② 单击"软件管家"按钮→单击"软件升级"按钮→对计算机进行软件检测，并显示需要升级的软件名称，如图 1-15 所示；

③ 单击"全选"复选框→单击"升级全部已选软件"按钮→进行软件升级。

1.3.2　使用安全模式修复系统

进入安全模式的具体操作步骤如下：

开机之后在进入 Windows 7 系统启动画面之前按下【F8】键，进入启动模式菜单，然后选择"安全模式"，启动 Windows 7 操作系统。

图 1-15　360 软件管家窗口

1. 使用安全模式修复系统

如果 Windows 7 启动时间比较长，运行起来不太稳定或者无法正常启动时，先不要考虑重装系统，可以选择进入安全模式，在这个模式下系统只会启动底层服务，其他应用都不会启动，之后再重新启动计算机，系统是不是已经恢复正常了？因为 Windows 7 在安全模式下启动时可以自动修复注册表问题，在安全模式下启动 Windows 7 成功后，一般就可以在正常模式（Normal）下工作了。

2. 使用安全模式还原系统

如果计算机出现不能正常启动时，只能进入安全模式，在安全模式下恢复系统。

具体操作步骤如下：

① 进入安全模式，单击"开始"按钮→单击"所有程序"命令→显示所有程序菜单；

② 单击"附件"命令→单击"系统工具"命令→单击"系统还原"命令，打开系统还原向导，然后选择"恢复我的计算机到一个较早的时间"选项，单击"下一步"按钮，在日历上单击黑体字显示的日期，选择系统还原点，单击"下一步"按钮即可进行系统还原。

3. 使用安全模式清除顽固病毒

在 Windows 正常模式下有时候并不能干净彻底地清除病毒，因为它们极有可能会交叉感染，所以进入安全模式，使 Windows 7 只加载最基本的驱动程序，使用杀毒软件对计算机病毒进行扫描，并将病毒彻底清除。

4. 恢复系统设置

如果用户安装了新的软件或者更改了计算机的设置后，导致系统无法正常启动，就应该重新启动计算机，进入安全模式下解决。如果是安装了新软件引起的，请在安全模式中卸载该软件；如果是更改了某些设置，比如显示分辨率设置超出显示器显示范围，导致了黑屏，可以进入安全模式后重新设置即可解决。

5. 揪出恶意的自启动程序或服务

如果计算机出现一些莫明其妙的错误，比如不能上网，按常规思路又查不出问题，可以进入安全模式下，如果在安全模式下能上网，则说明是某些自启动程序或服务影响了网络的正常连接。

提示：如果在安全模式下还不能完成系统的修复，有可能是补丁程序所适应操作系统的版本和计算机所用的操作系统的版本不同造成的。

1.3.3　使用 Ghost 维护系统

Ghost 软件是美国赛门铁克公司推出的一款出色的硬盘备份还原工具，可以实现 FAT32、NTFS、OS2 等多种硬盘分区格式的分区及硬盘的备份及恢复。

系统备份与恢复软件主要针对 C 盘（系统盘）而言，备份文件为一个镜像文件"*.gho"，当系统遭到病毒攻击后，可以利用该镜像文件"*.gho"将系统恢复到备份前的状态。例如目前常用软件有"一键 GHOST"、"一键还原精灵"等软件。

提示：备份前最好是安装好操作系统、系统补丁、驱动程序、各种必备软件等，使用 Windows 优化大师软件对系统垃圾文件进行清理，然后用杀毒软件对整个系统盘进行安全扫描。

1. 运行一键 GHOST

首先将所有的软件安装好并且用杀毒软件进行扫描、确定无病毒。

① 下载"一键 GHOST"软件并在 Windows 7 系统下安装→程序安装完成后会自动生成双重启动菜单→重启后按提示进行选择即可进入系统操作菜单，如图 1-16 所示。

② 击"GHOST11.2"按钮→单击"GHOST"按钮→系统将重新启动→进入多系统引导菜单→选择"一键 GHOST"选项并回车。

③ 进入 GRUB4DOS 菜单→选择"GHOST"菜单回车→进入工具菜单→选择"GHOST11.2"选项回车→进入"GHOST"欢迎界面→单击"OK"按钮即可启动并进入"GHOST"主菜单。

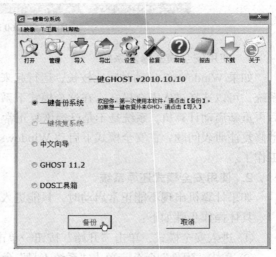

图 1-16　一键备份与还原的主菜单

2. 系统备份

系统备份是指将计算机的系统分区备份为一个镜像文件，日后计算机感染了病毒或出现系统问题时，可以利用该镜像文件将计算机恢复到备份时的状况。

具体操作步骤如下。

① 启动"GHOST"→进入主菜单窗口。

Partition 菜单简介。

➢ To Partion：将一个分区（称源分区）直接复制到另一个分区（目标分区），注意操作时，目标分区空间不能小于源分区。

➢ To Image：将一个分区备份为一个镜像文件，注意存放镜像文件的分区不能比源分区小，最好是比源分区大。

➢ From Image：从镜像文件中恢复分区（将备份的分区还原）。

② 单击"Local"选项→在其子菜单选择"Partition"选项中单击"To Image"制作镜像选项→打开备份向导。

③ 在备份向导窗口→选择要备份分区所在的盘，例如选择 1→单击"OK"按钮，选择系统盘，如图 1-17 所示。

④ 选择要备份的分区。硬盘上有几个分区，这里就会出现几项，1、2、3……分别对应 C:\ D:\ E:\……通常单个系统的话，应该安装在第 1 分区。

⑤ 选择镜像文件（备份文件）的保存位置。请确定目标分区有足够的剩余空间。系统所在分区不可选。可以单击界面上方的小三角切换分区→再输入文件名，文件类型保持默认的 GHO→单击"Save"按钮。

⑥ 选择要生成的备份文件的压缩方式，例如不压缩、快速压缩、高压缩等选项。

⑦ 选择快速压缩→单击"Fast"按钮→将弹出"确认备份"对话框→单击"Yes"按钮→开始系统备份。

⑧ 备份结束后，单击"Continue"按钮将回到主菜单，完成备份操作。

提示：备份前确保 D 盘有足够空间保存映射文件。不允许修改映射文件名，否则无法完成一键恢复的功能。

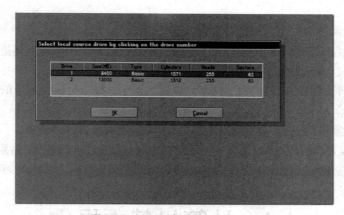

图 1-17 选择要备份分区所在的盘

3．系统还原

当系统出现问题，如机器的运行速度明显变慢或被病毒攻击时，可以通过"一键恢复"功能恢复系统。重启计算机时在屏幕上会显示如下菜单：

启动 Windows 7 操作系统；

按【F11】一键 GHOST 还原。

如果用户按【F11】键，系统将进入"GHOST"主菜单，进行还原系统的具体操作方法如下。

① 单击"Local"选项→在其子菜单选择"Partition"选项→打开磁盘操作菜单。

② 单击"From Image"选项，找到以前的备份文件，如果扩展名不是 GHO，可以单击界面下方的小三角切换类型→单击"Open"按钮。

③ 从备份文件中选择要还原哪个分区。分区方式备份的文件只包含一项，单击 OK 即可。

④ 选择要还原到哪个盘。同上。如果只有 1 个盘，这里只会出现一项。选择 1 后，单击"OK"命令按钮。

⑤ 选择要还原到哪个分区。备份所在分区不可选。同上。硬盘上有几个分区，这里就会出现几项。1、2、3……分别对应 C:\ D:\ E:\……通常单个系统的话，应该还原到第 1 分区。选择 1 后，

单击"OK"按钮。这步千万不要选错了。

⑥ 确认操作。完成后会提示重新启动计算机。

提示：进行还原系统前必须把系统盘上有用的文件备份，否则将全部删除。

1.3.4　预防计算机病毒的措施

病毒已成为困扰计算机系统安全和网络发展的重要问题。为了远离病毒，必须掌握一些计算机病毒的知识，同时，应该做好预防病毒的措施。

预防病毒的措施如下。

➢ 使用具有管理员权限的帐号登录系统，禁用管理员 Administrator 和受限帐号 Guest。
➢ 安装正版的杀毒软件和防火墙，并及时升级到最新版本。另外还要及时更新病毒库，这样才能防范新病毒，为系统提供真正安全的环境。
➢ 及时对系统和应用程序进行升级。
➢ 及时更新操作系统，安装相应补丁程序，从根源上杜绝黑客利用系统漏洞攻击用户的计算机。
➢ 为了确保系统的安全，关闭"文件共享"功能。
➢ 在使用光盘、U 盘以及从网络上下载的程序之前必须使用杀毒工具进行扫描，查看是否带有病毒，确认无病毒后，再使用。
➢ 经常更换管理员的密码。为了保证计算机的安全，经常更换管理员的密码，阻挡非法用户的入侵。
➢ 为了确保系统的安全，在不使用互联网的时候及时断开网络连接。

养成经常备份重要数据的习惯。要定期与不定期地对磁盘文件进行备份，特别是一些比较重要的数据资料，以便在感染病毒导致系统崩溃时可以最大限度地恢复数据，尽量减少可能造成的损失。

1.4　计算机基本操作

1.4.1　鼠标操作

掌握鼠标的使用方法是非常重要的，在 Windows 7 中，所有的操作可以用键盘也可以用鼠标来完成，但是使用鼠标既方便又快捷。

鼠标接口的类型是指鼠标与计算机主机之间相连接的接口方式或类型。目前常见的鼠标接口有串口、PS/2、USB 和蓝牙 4 种类型。

鼠标的使用方法如下。

➢ 单击鼠标左键，简称单击：单击是指用食指快速地按一下鼠标左键，然后马上松开即可。无线鼠标，如图 1-18 所示。
➢ 单击鼠标右键，简称右击：与单击左键差不多，只是使用的手指和按的键不同，用搭在鼠标右键上的中指快速按一下鼠标右键，然后马上松开即可。
➢ 双击鼠标左键，简称双击：则是在短时间内快速连续按鼠标左键两下，速度要快。
➢ 拖曳鼠标，简称拖曳：首先移动鼠标，使鼠标指针指向某一对象，然后单击左键选中不放拖曳到一个新的位置后，马上松开即可。

1.4.2　键盘操作

键盘是计算机必备的输入设备。用来向计算机输入命令、程序和数据的设备。目前，个人计算机上配置的都是通用扩展键盘，如图 1-19 所示。

键盘的接口是指键盘与计算机主机之间相连接的接口方式或类型。目前市面上常见的键盘接口有 3 种：老式 AT 接口、PS/2 接口以及 USB 接口。

键盘主要分为：主键盘区、功能键盘区、编辑键盘区、指示灯区、小键盘区。

1. 主键盘区

主键盘区又称为标准英文打字机键盘区，它的英文字母排列与英文打字机一致。各种字母、数字、运算符号、标点符号以及汉字等信息都是通过该区的操作输入计算机的。常用功能键的用途如表 1-3 所示。

图 1-18　无线鼠标　　　　图 1-19　樱桃（Cherry）G80-3000LXCEU-2 机械键盘

2. 功能键盘区

【F1】功能键：在任何程序中，用户都可以通过该键获得帮助信息。【F2】功能键：在资源管理器中选定了一个文件或文件夹，按下【F2】功能键则会对这个选定的文件或文件夹重命名。

【F3】功能键：在资源管理器或桌面上，按下【F3】功能键，则会出现"搜索文件"的窗口。【F6】功能键：可以快速在资源管理器及 IE 中定位到地址栏。

表 1-3　　　　　　　　　　　　　　常用功能键的用途

功能键	用　途
退格键【Backspace】	删除光标左面字符
回车键【Enter】	执行命令或运行程序
上档键【Shift】	输入上档字符或输入大写字母
组合键【Ctrl】、【Alt】	必须与别的键位结合起来使用
空格键【空格键】	输入空的字符
功能键【Windows】	显示开始菜单
大写锁定键【Caps Lock】	灯亮为大写状态，灯灭为小写状态
制定制表位【Tab】	快速移动光标到下一个制表站
取消键【Esc】	用于取消正在进行的操作

3. 编辑键盘区

编辑键盘在主键盘和数字小键盘的中间。该键盘包括 4 个光标移动键和 6 个编辑键。常用编辑键的用途如表 1-4 所示。

表 1-4 常用编辑键的用途

编辑键	用途
光标控制键	控制光标上、下、左、右移动
删除键【Delete】	删除光标右面字符
插入/改写键【Insert】	插入/改写状态的切换键
移动光标【Home】	快速移动光标到行首
移动光标【End】	快速移动光标到行尾
翻页键【PgUp】	逐页向前翻页
翻页键【PgDn】	逐页向后翻页
拷贝屏幕键【PrintScreen】	打印整个屏幕内容
锁定屏幕【Scrolllock】	灯亮为屏幕锁定状
暂停键【PauseBreak】	暂时停止程序的执行

4. 小键盘区

小键盘区包括数字键和编辑键。小键盘左上角有一个数字/编辑开关键【Num lock】。当【Num lock】键的指示灯亮时，表明小键盘处于数字输入状态，此时使用小键盘就可以输入数字；当【Num lock】键的指示灯熄灭时，小键盘又回到编辑状态，小键盘上的键变成了光标控制编辑键。

1.5 实 验 目 的

➢ 掌握计算机配置的主要参数。
➢ 掌握安装操作系统及软件的方法。
➢ 掌握预防病毒的措施。
➢ 掌握系统安全与维护的方法。
➢ 了解目前计算机的前沿技术及应用。

1.5.1 实验内容和要求

（1）检查机房计算机的配置，附截图并对计算机的主要配置加以说明。
　　主要配置包括 CPU 型号、主频、内存、显卡、硬盘、缓存。
（2）检查机房计算机的分区格式，附截图并对分区格式加以说明。
（3）简答计算机系统软件安装的流程。
（4）创建一个安全的工作环境。
（5）通过调研，配置一台用于图像处理的计算机。
　　要求：写出具体的硬件配置及简单说明。
（6）简单分析 Administror、Guest 两个账户的区别。
（7）创建一个新用户，并具有管理员权限。要求附主要的截图。
（8）更改计算机名，并附截图。
（9）使用驱动软件对自己的计算机进行驱动升级，并附截图。

（10）对自己的系统盘进行备份，并附截图。

（11）通过网上调研，简单回答目前我国超级计算机的速度。

　　　要求：了解我国超级计算机在世界的排名。

（12）简述目前计算机的前沿技术和应用。

（13）在选购笔记本电脑时，需要关注什么？（提示：配置、三包、质保）

（14）笔记本电脑的接口包括哪些？

1.5.2　实验报告要求

（1）提交一份电子文档报告，其文件名为：两位小班班号+两位小班序号+姓名+实验#。

（2）电子文档内容要求

　　① 上机题目、结果及答题内容。

　　② 实验总结：收获和体会。

（3）在规定时间内将实验报告上传到指定的服务器上。

第2章
Windows 7 操作系统

本章学习重点

➤ 了解 Windows 7 功能和特点。

➤ 掌握个性化的桌面与系统设置。

➤ 掌握应用程序的操作。

➤ 掌握文件、文件夹的操作。

➤ 掌握磁盘的操作。

➤ 掌握系统优化与维护。

2.1 认识操作系统

2.1.1 操作系统的概念

操作系统是计算机中最重要的软件，管理和控制计算机系统中的硬件及软件资源，合理地组织计算机工作流程，以便有效地利用这些资源为用户提供一个功能强大、使用方便和可扩展的工作环境，从而在计算机与其用户之间起到接口的作用。目前计算机上常用的操作系统有 UNIX、Linux、Windows，如图 2-1 所示。

图 2-1　常用操作系统

2.1.2 Windows、UNIX 和 Linux 三者的区别

Windows 操作系统是微软开发的、未公开源代码（内核的），目前世界上用户最多、并且兼

容性最强的操作系统。最早的 Windows 操作系统从 1985 年就推出了，改进了微软以往的命令、代码系统 Microsoft Dos。Microsoft Windows 是图形界面的操作系统。

UNIX 操作系统是公开内核源码的，一个强大的多用户、多任务操作系统，支持多种处理器架构，按照操作系统的分类，属于分时操作系统。由于 UNIX 具有安全、稳定、技术成熟、可靠性高、网络和数据库功能强、伸缩性突出和开放性好等特色，可满足各行各业的实际需要，特别能满足企业重要业务的需要，很多工程上的软件都是在 UNIX 的环境下运行的，已经成为主要的工作站平台和重要的企业操作平台。

Linux 操作系统是一套免费使用和自由传播的类 UNIX 操作系统，它主要用于基于 x86 系列 CPU 的计算机上。这个系统是由世界各地的成千上万的程序员设计和实现的。其目的是建立不受任何商品化软件的版权制约的、全世界都能自由使用的 UNIX 兼容产品。目前，全球最快超级计算机前 9 位均运行 Linux 系统。

对于广大用户来说，三者的区别是 Windows 的可视化界面比另外两个操作系统的界面都好看，而且操作简单、快捷、易掌握，几乎可以完全不用命令，使用鼠标点来点去就能操作计算机，而不像 UNIX 和 Linux 那样，基本还是要在终端上输命令才能操作计算机。

2.1.3 Windows 家族

Windows 操作系统从早期到现在经历的各种版本如表 2-1 所示。

表 2-1　　　　　　　　　　　　　Windows　操作系统各种版本

早期版本	For DOS	Windows 1.0（1985）	Windows 2.0（1987）	Windows 2.1（1988）
		Windows 3.0（1990）	Windows 3.1（1992）	Windows 3.2（1994）
	Win 9x	Windows 95（1995）	Windows 98（1998）	Windows 98 SE（1999）
		Windows Me（2000）		
NT 系列	早期版本	Windows NT 3.1（1993）	Windows NT 3.5（1994）	Windows NT 3.51（1995）
		Windows NT 4.0（1996）	Windows 2000（2000）	
	客户端	Windows XP（2001）	Windows Vista（2005）	Windows 7（2009）
		Windows 8（2011）		
	服务器	Windows Server 2003（2003）		Windows Server 2008（2008）
		Windows Home Server（2008）		Windows HPC Server 2008（2010）
		Windows Small Business Server（2011）		Windows Essential Business Server
	特别版本	Windows PE		Windows Azure
		Windows Fundamentals for		
		Legacy pCs		
嵌入式系统		Windows CE	Windows Mobile	Windows Phone（2010）

2.1.4　Windows 7 操作系统

Windows 7 是美国微软公司最新推出的操作系统。它是目前世界上用户最多、界面美观、人性化强、工作效率高、兼容性强的操作系统。Windows 7 操作系统是主要围绕笔记本电脑、应用服务、用户的个性化、视听娱乐、用户易用性的新引擎五个重点设计的。

1. Windows 7 的版本

Windows 7 包含 6 个版本，分别为 Windows 7 Starter（初级版）、Windows 7 Home Basic（家庭普通版）、Windows 7 Home Premium（家庭高级版）、Windows 7 Professional（专业版）、Windows 7 Enterprise（企业版）以及 Windows 7 Ultimate（旗舰版）。

（1）Windows 7 Starter（初级版）

这是功能最少的版本，缺乏 Aero 特效功能，没有 64 位支持，没有 Windows 媒体中心和移动中心等，对更换桌面背景有限制。它主要用于类似上网本的低端计算机，通过系统集成或者 OEM 计算机上预装获得，并限于某些特定类型的硬件。

（2）Windows 7 Home Basic（家庭普通版）

这是简化的家庭版，支持多显示器，有移动中心，只能加入不能创建家庭网络组（Home Group），限制部分 Aero 特效功能，缺少的功能有实时缩略图预览、Internet 连接共享、Windows 媒体中心、Tablet 支持、远程桌面等。

（3）Windows 7 Home Premium（家庭高级版）

面向家庭用户，满足家庭娱乐需求，包含所有桌面增强和多媒体功能，如 Aero 特效、多点触控功能、媒体中心、建立家庭网络组、手写识别等，不支持 Windows 域、Windows XP 模式、多语言等。

（4）Windows 7 Professional（专业版）

面向爱好者和小企业用户，满足办公开发需求，包含加强的网络功能，如活动目录和域支持、远程桌面等，另外还有网络备份、位置感知打印、加密文件系统、演示模式、Windows XP 模式等功能。64 位可支持更大内存（192GB）。可以通过全球 OEM 厂商和零售商获得。

（5）Windows 7 Enterprise（企业版）

面向企业市场的高级版本，满足企业数据共享、管理、安全等需求。包含多语言包、UNIX 应用支持、BitLocker 驱动器加密、分支缓存（BranchCache）等，通过与微软有软件保证合同的公司进行批量许可出售。不在 OEM 和零售市场发售。

（6）Windows 7 Ultimate（旗舰版）

拥有所有功能，与企业版基本是相同的产品，仅仅在授权方式及其相关应用和服务上有区别，面向高端用户和软件爱好者。专业版用户和家庭高级版用户可以付费通过 Windows 随时升级到旗舰版。

2. Windows 7 功能与特点

2.1.5　Windows 7 窗口及设置

启动 Windows 7 后，屏幕显示 Windows 7 桌面，如图 2-2 所示。

在桌面上有应用程序的图标、应用程序的快捷方式、Windows 7 小工具、开始按钮、任务栏等。

Windows 7
功能特点

（1）更易用：Windows 7 做了许多方便用户的设计，如快速最大化，窗口半屏显示，跳跃列表，系统故障快速修复等，这些新功能令 Windows 7 成为最易用的 Windowsr 操作系统。

（2）启动快：Windows 7 大幅缩减了 Windows 的启动时间。

（3）更简单：Windows 7 将会让搜索和使用信息更加简单，包括本地、网络和互联网搜索功能，直观的用户体验将更加高级，还会整合自动化应用程序提交和交叉程序数据透明性。

（4）更安全：Windows 7 包括了改进的安全和功能合法性，还会把数据保护和管理扩展到外围设备。

（5）更低的成本：Windows 7 可以帮助企业优化它们的桌面基础设施，具有无缝操作系统、应用程序和数据移植功能，并简化 PC 供应和升级，进一步朝完整的应用程序更新和补丁方面努力。

（6）易连接：Windows 7 进一步增强了移动工作能力，无论何时、何地、任何设备都能访问数据和应用程序，开启坚固的特别协作体验，无线连接、管理和安全功能会进一步扩展。

（7）桌面小工具：提供概览信息的微型程序，通过它们可以轻松访问常用的工具。

（8）直接发送邮件功能：可以直接启动 OutLook，将文档以邮件的形式发送出去。

（9）Windows 7 提供了放大镜功能。

（10）Windows 7 冷落鼠标键盘，支持语音和触摸功能 Windows 7 在语音识别和手写输入方面有重大突破。

（11）WinFS 文件系统格式：WinFS 是一种新的文件系统格式。

图 2-2　Windows 7 桌面

1. 应用程序图标

根据用户需要随时可以创建、删除应用程序的图标。

2. 开始菜单及设置

Windows 7 开始菜单包括当前用户、系统控制区、关机按钮、附加菜单、最近使用的程序菜单、所有程序、搜索框等，如图 2-3 所示。

开始菜单设置方法如下。

（1）在开始菜单上添加"运行"菜单

在任务栏上右键单击选择"属性"命令，单击"开始菜单"选项卡，单击"自定义"按钮，选中"运行"复选框即可在"开始菜单"增加"运行"菜单。

（2）在开始菜单中添加程序、文件夹或其他项

在桌面直接拖曳程序、文件夹或其他项到开始按钮，待出现开始菜单后，将程序、文件夹或其他项拖曳到开始菜单的任何位置。

（3）自定义开始菜单

用鼠标右键单击"开始"菜单按钮，在弹出的菜单中选择"属性"选项，弹出"任务栏和'开始'菜单属性"对话框，在"开始菜单"选项卡下，单击"自定义"按钮。

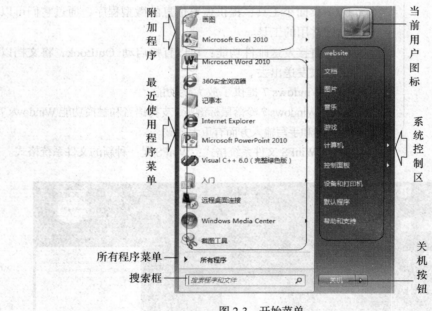

图 2-3 开始菜单

3. 任务栏

Windows 7 的超级任务栏给用户带来了许多方便，让计算机操作更快捷，但是要充分发挥超级任务栏的作用，还得讲点小技巧。Windows 7 任务栏包括开始按钮、快速启动区、语言栏、系统提示区、显示桌面按钮，如图 2-4 所示。

4. 任务栏设置技巧

技巧 1：将常用软件锁定在任务栏中。

运行要锁定的软件，在任务栏的该软件的图标上单击鼠标右键，选择快捷菜单的"将此程序锁定到任务栏"。

技巧 2：将常用文件锁定在任务栏上，可以方便地打开经常使用的文件、音乐、网址等。方法是，右键单击任务栏上的某文件图标，弹出最近编辑过的一些文件，只需将鼠标移到该文件上，单击后面的"锁定到此例表"按钮即可。下次需要打开该文件，只需要单击右键，再单击它就能方便地打开了。

技巧 3：显示桌面按钮。在 Windows 7 的任务栏的最右边，就是 Windows 7 的"显示桌面"按钮，单击它即可实现显示桌面功能。

技巧 4：同一个应用程序多窗口间的切换。同一程序打开了很多文件窗口，怎么方便的切换呢？在任务栏上，用鼠标指向该应用程序的按钮时会显示这些窗口的预览图，再单击选择即可。

图 2-4　Windows 7 任务栏

2.1.6　Windows 7 提供的操作

Windows 7 提供的主要操作包括应用程序、文件或文件夹、磁盘操作、系统设置、日常工具与娱乐等六部分内容，如图 2-5 所示。

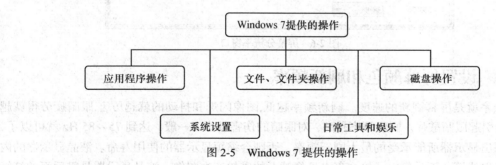

图 2-5　Windows 7 提供的操作

2.2　系统设置与个性化桌面

2.2.1　设置计算机名

设置计算机名的具体操作步骤如下：

① 右键单击"计算机"图标→选择快捷菜单中的"属性"命令；

② 单击"高级系统设置"按钮，打开"系统属性"窗口；

③ 单击"计算机名"选项卡→单击"更改"命令按钮；

④ 在"计算机名"文本框输入计算机名；

⑤ 单击"确定"按钮即可。

2.2.2　设置分辨率

显示分辨率是显示器在显示图像时的分辨率，分辨率是用像素点来衡量的，显示分辨率的数值是指整个显示器所有可视面积上水平像素和垂直像素的数量。目前笔记本的分辨率设置如下。14.1 英寸：分辨率为 1366×768。15.4 英寸：分辨率为 1280×800 或 1440×900。15.6 英寸：分辨率为 1600×900。

具体操作步骤如下：

① 在桌面单击鼠标右键，选择快捷菜单中的"屏幕分辨率"命令→打开修改分辨率窗口；

② 在"分辨率"选项中选择推荐的分辨率或根据用户需要进行设置，如图 2-6 所示；

③ 单击"确定"按钮即可。

图 2-6　屏幕分辨率窗口

2.2.3　设置屏幕颜色和刷新频率

刷新频率就是屏幕刷新的速度。刷新频率越低，图像闪烁和抖动的就越厉害，眼睛疲劳得就越快，有时会引起眼睛酸痛。刷新频率越高，对眼睛的伤害越小，一般，达到 75～85 Hz 就可以了，但是不要超出显示器所能承受的最大刷新频率，否则会缩短显示器的使用寿命。液晶显示器的内部不是阴极射线管，不是靠电子枪去轰击显像管上的磷粉产生图像。液晶显示器是靠后面的灯管照亮前面的液晶面板而被动发光，只有亮与不亮、明与暗的区别。液晶显示器的刷新频率一般默认为 60Hz。

设置刷新频率的具体操作步骤如下：

① 在桌面单击鼠标右键，选择快捷菜单中的"屏幕分辨率"命令→打开修改分辨率窗口；

② 单击"高级设置"命令按钮，打开"通用即插即用监视器"对话框；

③ 单击"监视器"选项卡，选择系统的"刷新频率"和"屏幕颜色"值，如图 2-7 所示；

④ 单击"确定"按钮即可。

提示：笔记本电脑的刷新频率的值一般设置为 60 即可。

2.2.4　设置桌面背景

设置桌面背景的具体操作步骤如下：

① 在桌面用鼠标单击右键→选择快捷菜单中的"个性化"命令，屏幕出现"个性化"窗口；

② 在"个性化"窗口中，单击"桌面背景"图标，屏幕显示"桌面背景"窗口，如图 2-8 所示；

③ 选择一个风景图片作为屏幕的背景即可，也可以单击"浏览"按钮选择计算机中的图片。

提示：获取图片的途径包括使用 Windows 7 提供的背景图片、数码照片和网上下载的图片。

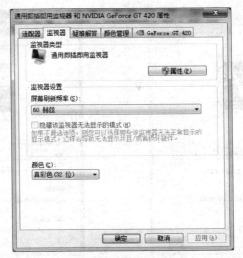

图 2-7 设置显示器的颜色和刷新频率

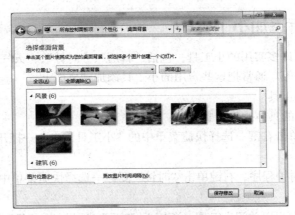

图 2-8 设置桌面背景

2.2.5 设置屏幕保护程序

1. 设置普通屏幕保护程序

设置普通屏幕保护程序的具体操作步骤如下：

① 在桌面用鼠标单击右键→选择快捷菜单中的"个性化"命令，屏幕出现"个性化"窗口；

② 在"个性化"窗口中，单击"屏幕保护程序"图标，屏幕显示"屏幕保护程序设置"窗口；

③ 单击"屏幕保护程序"下拉列表框，选择一种屏幕保护程序，单击"浏览"命令按钮，观察显示的效果，如图 2-9 所示。

2. 设置个性幻灯片的屏保程序

设置个性幻灯片的屏保程序的具体操作步骤如下：

① 在桌面用鼠标单击右键→选择快捷菜单中的"个性化"命令→打开"个性化"设置窗口；

② 单击"屏幕保护程序"图标→屏幕显示"屏幕保护程序"设置对话框；

③ 单击"屏幕保护程序"下拉列表框，从中选择"照片"项，单击"设置"命令按钮，设置幻灯片放映的速度等，如图 2-10 所示；

④ 单击"确定"按钮即可。

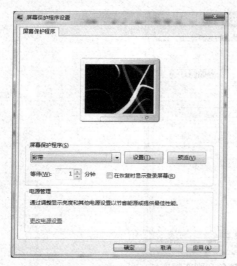

图 2-9 设置"屏幕保护程序"窗口一   图 2-10 设置"屏幕保护程序"窗口二

2.2.6 在桌面添加小工具

Windows 7 提供了许多实用的小工具，包括"日历"、"时钟"、"天气"、"源标题"、"幻灯片放映"、"图片拼图板"等。通常把这些常用的小工具添加到桌面上。

（1）在桌面添加小工具

在桌面添加小工具的具体操作步骤如下：

① 在桌面用鼠标单击右键→选择快捷菜单中的"小工具"命令→打开"小工具"窗口，如图 2-11 所示；

② 例如添加一个时钟程序，右键单击"时钟"图标→选择快捷菜单中的"添加"命令，在屏幕上添加一个时钟。

提示：根据需要随时可以关闭小工具，单击"小工具"，选择"小工具"右上角的关闭按钮即可。

图 2-11 Windows 7 提供的小工具窗口

（2）设置小工具

设置小工具的具体操作步骤如下：

① 单击小工具→单击小工具右上角上的 " 🔧 " 图标，打开小工具的设置窗口，用户可以设置时钟的样式、时区、秒针等；

② 设置完后，单击 "确定" 按钮结束。

（3）关闭小工具

关闭小工具的方法是单击 "关闭" 按钮。

2.2.7 在桌面添加提醒便签

1. 在桌面添加一个或多个便签

在桌面添加便签的具体操作步骤如下：

① 单击 "开始" 按钮→指向 "所有程序" →单击 "便签 " 命令，打开 "便签" 窗口；

② 在便签上输入便签的内容，并将便签拖曳到桌面合适的位置即可。

提示：单击便签上的 " + " 符号，可以增加一个或多个便签；单击 " ✕ " 符号，可以删除该便签。

2. 设置便签的颜色

设置便签颜色的具体操作步骤如下。

在便签上单击右键→在快捷菜单上选择一种合适的颜色即可。

2.2.8 在桌面创建操作对象的快捷方式

将正在使用或频繁使用的设备（如打印机、扫描仪）、磁盘、文件夹以快捷方式的形式放在桌面上，便于用户使用。

1. 在桌面创建文件夹的快捷方式

➤ 方法 1：单击 "开始" →在 "搜索程序和文件" 框中输入要搜索的文件夹名→在搜索到的文件夹上单击右键→选择快捷菜单上的 "发送到" 命令→选择 "桌面快捷方式" 命令即可。

➤ 方法 2：在文件夹上单击右键→选择快捷菜单上的 "发送到" 命令→选择 "桌面快捷方式" 命令即可。

2. 在桌面创建设备（如光驱、打印机、磁盘）的快捷方式

在桌面创建设备的快捷方式的具体操作如下：

➤ 打开资源管理器，直接拖曳磁盘到桌面即可；

➤ 单击 "开始" 按钮→选择 "控制面板" →单击 "设备和打印机" →打开 "设备和打印机" 窗口→直接拖曳 "打印机" 设备到桌面即可。

2.2.9 自定义任务栏

系统默认情况下，任务栏就是操作系统中最底部的工具栏、开始菜单、启动的应用程序等，全部都展现在任务栏中。Windows 7 中的任务栏，图标显示变大，变得更加清晰直接。当然用户还可以根据自己的习惯或者需要选择设置任务栏的外观，甚至把任务栏放到屏幕的左边、右侧，或者顶部等。

具体操作步骤如下：

➤ 在任务栏上单击右键→选择快捷菜单中的 "属性" 命令→打开 "任务栏和开始菜单栏"

对话框；

➤ 选中"锁定任务栏"、"使用小图标"复选框→选择"屏幕上任务栏的位置，即可让任务栏在桌面底部、左侧、右侧或顶部等不同位置显示；

➤ 单击"确定"按钮即可，如图 2-12 所示。

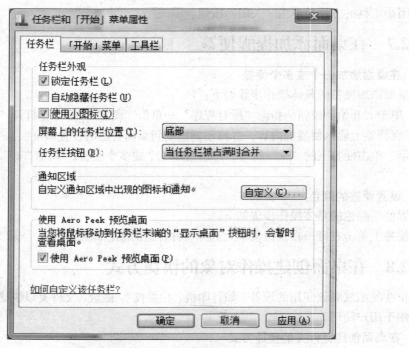

图 2-12 任务栏和开始菜单属性对话框

2.2.10 自定义开始菜单

1. 在"开始"菜单添加常用程序的快捷方式

具体操作步骤如下：

① 单击"开始"菜单→指向"所有程序"命令→在"所有程序"列表中选择需要固定在"开始"菜单中的应用程序，如"飞信 2011"；

② 在"飞信 2011"图标上单击右键，选择"快捷菜单"中的"附到开始菜单"即可。

提示：如果要删除"开始"菜单中的应用程序的快捷方法，则右键单击该程序的选项，选择"从列表中删除"即可。

2. 在开始菜单添加计算机和控制面板的级联菜单

具体操作步骤如下：

① 在任务栏单击鼠标右键→选择快捷菜单中的"属性"命令→打开"任务栏和开始菜单栏"对话框；

② 单击"开始菜单"选项卡→单击"自定义"命令按钮→打开"自定义开始菜单"对话框；

③ 在"自定义开始菜单"对话框中，选中"计算机"和"控制面板"下的"显示为菜单"单选按钮，再单击"确定"按钮即可，如图 2-13 所示；

④ 单击"开始"菜单，发现"计算机"和"控制面板"都能显示出级联菜单项。

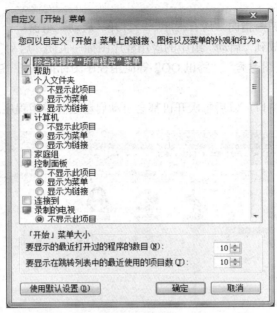

图 2-13　自定义开始菜单对话框

2.3　应用程序操作

2.3.1　启动应用程序的方法

在 Windows 7 中提供了许多实用的应用程序，包括记事本、写字板、计算器、截图工具、便签、画图程序、访问中心、游戏程序等。每个应用程序都是可执行程序，其类型名为 ".exe"。

例如 Windows 7 中提供的应用程序：

计算器程序名 calc.exe、记事本 notepad.exe、画图程序 mspaint.exe、便签工具 Stiky Not.exe、截图工具 Snipping Tool.exe 等。

1. 启动应用程序的方法

$$
启动应用程序的方法
\begin{cases}
自动启动应用程序 \\
双击桌面的应用程序图标 \\
从"所有程序"菜单启动应用程序 \\
从"搜索程序和文件"框中启动应用程序 \\
定时启动应用程序。
\end{cases}
$$

（1）开机自动启动应用程序

将日常工作所需要的应用程序，例如飞信 2011、腾讯 QQ、Visual Studio 2005、Word 2010、360 浏览器等应用程序的快捷方式图标拖曳到"启动"组窗口，此后每次开机后将自动启动"启动"组中的应用程序，直到删除启动组中的应用程序才能终止开机自动启动。

具体操作步骤如下：

① 单击"开始"按钮→指向"所有程序"→打开"启动"组窗口；

② 从桌面上拖曳要放到"启动"组中的应用程序图标→关闭"启动"组窗口即可，例如将桌面上的"飞信 2011"、"美图秀秀"、"腾讯 QQ"等应用程序图标拖曳到"启动"组窗口，如图 2-14 所示；

③ 关闭"启动"组窗口。以后每次开机都会自动启动这些应用程序。

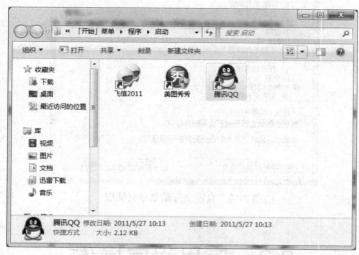

图 2-14 "启动"组窗口

（2）从桌面启动应用程序

从桌面启动应用程序的具体操作方法如下：

双击桌面上的"应用程序图标"，启动并打开应用程序窗口。

（3）从开始菜单中的所有程序菜单中启动应用程序

具体操作方法如下：

单击"开始"按钮→"所有程序"→ 单击应用程序的快捷方式即可。

（4）从搜索程序和文件框中启动应用程序

具体操作方法如下：

单击"开始"按钮→在"搜索程序和文件"框中输入应用程序名，例如输入 word 回车，即可启动 Word 2010 应用程序。

例如，在"搜索程序和文件"框中输入"截图工具"后回车即可执行该应用程序，打开其窗口。

（5）定时启动应用程序

根据用户工作需要，可以选择定时启动一个或多个应用程序，预先设置的时间可以是每月或每天的几时几分启动应用程序。每次只能设置一个应用程序，可以设置多次。

具体操作步骤如下：

① 单击"开始"按钮→单击"控制面板"→单击"管理工具"命令→单击"任务计划程序"命令→打开"任务计划"窗口，如图 2-15 所示；

② 双击"创建基本任务"项→打开"创建基本任务向导"窗口→打开"创建基本任务向导"

窗口;

③ 在"名称"框中输入需要设置自动启动的应用程序名,然后按照屏幕提示操作即可。

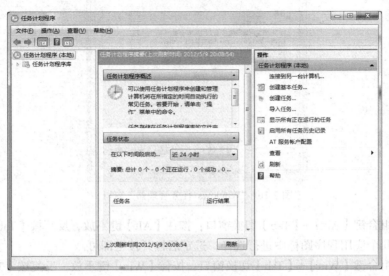

图 2-15 "任务计划程序"窗口

2.3.2 退出应用程序的方法

1. 正常退出应用程序

Windows 7 提供了许多种退出应用程序的方法,常用的方法有以下几种。

退出应用程序的方法
{
单击应用程序窗口右上角的关闭按钮
单击"文件"菜单下的"退出"命令
使用组合键【Alt】+【F4】
双击应用程序窗口左上角的控制菜单图标
}

2. 强制退出应用程序

当计算机出现异常情况时,可以采取强制退出应用程序的方法关闭应用程序。

具体操作步骤如下。

方法 1:按组合键【Ctrl】十【Alt】十【Del】,打开"W1ndows 任务管理器"对话框,如图 2-16 所示。在"应用程序"列表框中,选择欲结束的应用程序名,然后单击"结束任务"按钮,即可关闭该应用程序。

方法 2:在任务栏上单击右键,选择"启动任务管理器",打开"Windows 任务管理器"窗口,如图 2-16 所示,然后按照上面介绍的方法进行操作即可。

提示:按照上面介绍的方法可以强制关闭一个或多个应用程序。当计算机出问题时,用户无法从开始菜单、桌面正常进入所需的应用程序窗口,可以单击"新任务"按钮,在"打开"文本框中输入要打开的应用程序名即可。

2.3.3 切换应用程序窗口

切换应用程序窗口的方法如下。

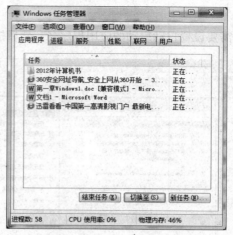

图 2-16　"Windows 任务管理器"窗口

➤ 使用组合键【Alt】+【Tab】切换窗口：按住【Alt】键不放，反复按【Tab】键即可在打开的几个应用程序图标中进行选择，选定后松开按键即可。

➤ 使用组合键【Win】+【Tab】切换窗口：按住【Win】键不放，反复按【Tab】键即可进行 3D 窗口的切换。

➤ 在任务栏上，单击需要还原的应用程序最小化的按钮即可。

2.3.4　排列应用程序窗口

排列应用程序窗口的方法如下：

在任务栏空白处单击鼠标右键→选择快捷菜单的排列窗口命令，如层叠窗口、堆叠显示窗口、并排显示等命令→进行窗口的排列即可。

2.3.5　创建应用程序快捷方式

通过"向导"创建应用程序的快捷方式：

在桌面单击鼠标右键→选择快捷菜单中的"新建"命令→"快捷方式"命令→单击"浏览"按钮，利用浏览方式找到要创建快捷方式的应用程序名，如图 2-17 所示。

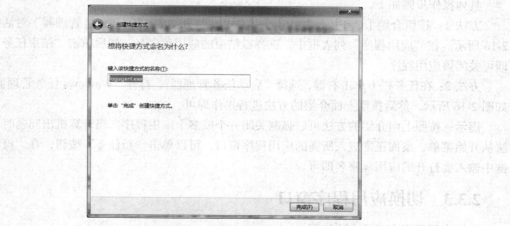

图 2-17　创建应用程序的快捷方式窗口

2.3.6 应用程序的卸载

卸载应用程序的具体操作方法 1：

① 单击"开始"按钮→单击"所有程序"菜单→显示程序菜单；

② 找到要卸载的应用程序项，在其上单击鼠标右键，选择快捷菜单中的"卸载程序"命令即可。

卸载应用程序的具体操作方法 2：

① 单击"开始"按钮→单击"控制面板"选项→打开"控制面板"窗口；

② 在"控制面板"窗口中→单击"程序"选项，单击"程序和功能"，使用鼠标右键单击要卸载的程序项，选择快捷菜单中的"卸载/更改"命令即可。

2.4 资源管理器

Windows 7 资源管理器中，在窗口左侧的列表区，包含收藏夹、库、计算机和网络等四大类资源。当浏览文件时，特别是文件、图片和视频时，可以在资源管理器中直接预览其内容。

在 Windows 7 资源管理器中，引用了"收藏夹"、"库"的概念，可以大大提高使用计算机的方便程度。"收藏夹"和"库"可以将用户需要经常访问的文件夹收集到一起，就像 IE 浏览器的网页链接收藏夹一样，只要单击"收藏夹"或"库"中的文件夹的快捷方式，就能快速打开添加到"收藏夹"和"库"中的文件夹，而不管它们原来存储的位置（本地或局域网），并且可以随着原始文件夹的变化而自动更新。Windows 7 资源管理器的窗口，如图 2-18 所示。

图 2-18 Windows 7 资源管理器

如图 2-17 所示，Windows 7 资源管理器的窗口包括菜单栏、工具栏、地址栏、搜索栏、导航窗格、细节窗格、预览窗格、工作区等，通过"组织"工具可以改变窗口布局，例如显示和隐藏资源管理器的导航窗格、细节窗格、预览窗格，其中，导航窗格的内容包括收藏夹、库、计算机等。

2.4.1 使用收藏夹

1. 访问最近访问的位置

Windows 7 资源管理器中增加了收藏夹功能，用户通过收藏夹中的"最近访问的位置"能快速找到最近访问过的磁盘、文件、文件夹等，还可以通过单击"更改您的视图"按钮改变浏览方式，如按照文件、文件夹的名称、修改日期、类型等进行浏览，一目了然，如图 2-19 所示。

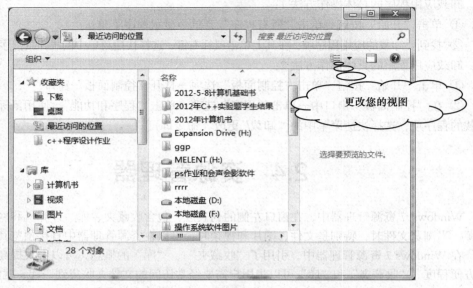

图 2-19　查看最近访问的位置

2. 自定义收藏夹

Windows 7 中的"收藏夹"就像 IE 浏览器的网页链接收藏夹一样，用户可以将需要经常访问的文件夹的快捷方式加入到"收藏夹"中，进而达到快速浏览、访问的目的。

自定义收藏夹的方法如下：

➢ 若要将文件、文件夹、磁盘、库文件夹添加到收藏夹中，直接拖曳到导航窗格中的"收藏夹"即可；

➢ 若要更改收藏夹的顺序，直接拖曳文件、文件夹、磁盘、库文件夹到新的位置上即可；

➢ 若要还原导航窗格中的默认收藏夹，右键单击"收藏夹"，然后单击"还原收藏夹链接"即可；

➢ 若要删除收藏夹中的文件夹快捷方式，右键单击该文件夹，然后选择快捷菜单中的"删除"命令即可从导航窗格中删除该收藏夹，但不会删除收藏夹中以快捷方式链接的文件、文件夹、磁盘、库文件夹等。

2.4.2　使用库功能

用户可以利用 Windows 7 提供的"库"组织和管理文件，而不管其存储位置如何。可以将频繁使用的文件夹添加到"库"中，不用时可以随时删除它，对存储在磁盘中的文件夹没有任何影响。使用"库"组织和管理文件，可以达到快速查找或浏览文件的目的。Windows 7 提供了 4 个默认的"库"文件夹，包括文档库、音乐库、图片库和视频库。用户可以根据需要创建自己的库。

1. 创建新的库

创建新的库的具体操作步骤如下：

① 单击"开始"按钮→单击"个人文件夹"→打开"个人文件夹"窗口；

② 单击"库"→在右侧窗口的空白处单击鼠标右键→选择快捷菜单中的"新建"命令→单击

"库"命令→键入库的名称，然后按回车即可；

③ 将正在使用的文件夹或频繁使用的文件夹包含到"库"中。在文件夹上单击鼠标右键→选择快捷菜单中的"包含到库中"→选择一个库文件夹即可。

2．将计算机上的文件夹包含到库中

具体操作步骤如下：

① 单击"开始"按钮→单击"个人文件夹"→打开"个人文件夹"窗口；

② 在导航窗格（左窗格）中，找到要包含的文件夹，然后右键单击该文件夹→选择"快捷菜单"中的"包含到库中"命令→单击某个库文件夹即可；

提示：无法将可移动媒体设备（如 CD 和 DVD）和某些 USB 闪存驱动器上的文件夹包含到库中。

3．删除库中的文件夹及其内容

具体操作步骤如下：

① 单击"开始"按钮→单击"个人文件夹"→打开"个人文件夹"窗口；

② 在导航窗格（左窗格）中，找到要删除的库文件夹→然后右键单击该文件夹→选择"删除"命令即可。

4．使用"库"管理文件

使用"库"管理文件的具体操作如下：

单击"库"中的文件夹→单击"排列方式"按钮，可以查看和排列位于不同位置的文件。

若要将文件复制、移动或保存到"库"中，必须首先在库中创建一个新的库，以便让"库"知道存储文件的位置。此文件夹将自动成为该库的"默认保存位置"，然后将文件复制、移动或保存到新的库中。

库可以收集不同文件夹中的内容，可以将不同盘或同盘的文件夹包含到同一个库中，然后以一个集合的形式查看和排列这些文件夹中的文件。

2.4.3　创建文件或文件夹

1．创建文件

文件是以文件名的形式存储在计算机中的一组相关信息的集合。文件可以是一个通知、一个报表、一篇文章、一个报告、一幅图片、一首歌曲，也可以是一个程序等。

文件名由两部分构成：文件名、扩展名。

文件名是文件存在的标识，操作系统根据文件名来对其进行控制和管理；扩展名表示文件的类型和性质，不同的应用程序创建的文件类型不同，Windows 系统赋予它的图标也不同。例如记事本程序创建的文件类型为".txt"，画图程序创建的文件类型为".bmp"，Photoshop 创建的文件类型为".psd"等。

常见文件类型的扩展名及描述，如表 2-2 所示。

2．创建文件夹

➤　用户可以在桌面、收藏夹、库、磁盘、U 盘、移动硬盘、文件夹上创建文件或文件夹。按照文件的用途创建文件夹，将文件存储到不同的文件夹中，便于查找和管理。

➤　文件夹的用途如下。

文件夹是 Windows 7 系统为用户提供的、用于组织和管理文件或文件夹的容器。其结构采用的是树形文件夹结构，即每个磁盘相当于根目录，在根目录下可以创建许许多多的文件和文件夹，每个文件夹中还可以创建一个或多个文件夹；每个文件夹中既可以保存文件又可以保存文件夹，其数量受到磁盘容量的限制。

表2-2　　　　　　　　　　　　　常见文件类型的扩展名及描述

*.com 系统命令文件	*.exe 可执行文件	*.ini 系统配置文件
*.sys 系统文件	*.zip 压缩文件	*.htm 网页文件
*.txt 记事本文件	*.rar 压缩文件	*.bmp 位图文件
*.doc Word 文档文件	*.bak 备份文件	*.aiff 声音文件
*.xls Excel 电子表格文件	*.bin 二进制码文件	*.avi 电影文件
*.ppt PowerPoint 幻灯片文件	*.dll 动态链接库文件	*.mp3 音频文件
*.psd Photoshop 图形文件	*.swf 动画文件	*.wav 声音文件
*.dif AutoCAD 图形文件	*.jpg 图像文件	*.rmvb 视频文件

创建文件夹的具体操作步骤：

① 选中创建文件夹的位置，如桌面、文件夹。

② 单击右键→选择快捷菜单上的"新建"命令→选择"文件夹"命令 →直接键入新的文件夹名即可。

2.4.4　文件或文件夹的选定与撤消

在对文件或文件夹进行各种操作之前，首先要选定文件或文件夹，一次可以选定一个或多个文件或文件夹，被选定的文件或文件夹以高亮显示。下面介绍几种选定的方法。

具体操作方法如下。

➢ 选定一个文件或文件夹的方法：单击要选定的文件或文件夹即可。

➢ 选定多个不连续的文件或文件夹的方法：单击第一个要选定的文件或文件夹，然后按住Ctrl 键不放，再单击选定其他一个或多个文件或文件夹即可，如图 2-20 所示。

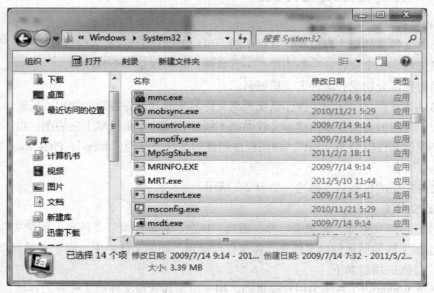

图2-20　选择不连续文件夹

➢ 选定多个连续的文件或文件夹的方法：单击第一个要选定的文件或文件夹，然后按住 Shift 键不放，再单击最后一个要选定的文件或文件夹，则在这两项之间的所有文件或文件夹将被选定，并且以高亮显示选定区域。

➢ 选定文件夹中的全部内容：使用快捷键【Ctrl】+【A】即可选定文件夹中的所有内容。

➢ 选定驱动器的方法：单击要选定的驱动器图标即可。

➢ 撤消选定的方法：单击未选定区域的任何位置即可。

2.4.5 复制文件或文件夹

1. 使用快捷键复制文件或文件夹

具体操作步骤如下：

① 用鼠标选定要复制的文件或文件夹；

② 使用快捷键【Ctrl】+【C】命令，将选定的文件或文件夹的位置保存到剪贴板中；

③ 选定目标位置。双击目标盘或目标文件夹，打开目标盘或文件夹窗口；

④ 在目标盘或文件夹窗口中，使用快捷键【Ctrl】+【V】命令将剪贴板中的内容粘贴到其中即可。

2. 使用快捷菜单复制文件或文件夹

具体操作步骤如下：

① 用鼠标选定要复制的文件或文件夹；

② 在选定区域单击鼠标右键→选择快捷菜单中的"复制"命令；

③ 选定目标位置。双击目标盘或目标文件夹→打开目标盘或文件夹窗口；

④ 在目标盘或文件夹窗口中→单击鼠标右键→选择快捷菜单中的"粘贴"命令即可完成复制操作。

提示：复制文件或文件夹操作是通过 Windows 系统提供的"剪贴板"来实现的，具体实现是将要复制的文件或文件夹的路径保存到剪贴板中。

2.4.6 移动文件或文件夹

所谓移动文件或文件夹，就是将文件或文件夹从一个位置移动到另一个位置，具体操作如下。

1. 使用快捷键移动文件或文件夹

具体操作步骤如下：

① 选定要移动的文件或文件夹；

② 使用快捷键【Ctrl】+【X】命令，将选定的文件或文件夹放到剪贴板中；

③ 双击目标盘或目标文件夹；

④ 使用快捷键【Ctrl】+【V】命令，将剪贴板中的内容粘贴到目标盘或目标文件夹。

2. 使用快捷菜单移动文件或文件夹

具体操作步骤如下：

① 用鼠标选定要复制的文件或文件夹；

② 在选定区域单击鼠标右键→选择快捷菜单中的"剪切"命令；

③ 选定目标位置。双击目标盘或目标文件夹→打开目标盘或文件夹窗口；

④ 在目标盘或文件夹窗口中→单击鼠标右键→选择快捷菜单中的"粘贴"命令即可完成移动操作。

提示：移动文件或文件夹操作是通过 Windows 系统提供的"剪贴板"来实现的，具体实现是将要移动的文件或文件夹的路径保存到剪贴板中来实现的。

2.4.7　删除文件或文件夹

1. 删除文件或文件夹

具体操作步骤如下：

① 选定要删除的文件或文件夹；

② 按【Del】键即可将选定的文件或文件夹放到回收站中。

提示：用户可以随时还原回收站中的文件或文件夹。

2. 永久删除文件或文件夹

具体操作步骤如下：

① 选定要删除的文件或文件夹；

② 按住【Shift】，再按【Del】键即可实现永久删除。

2.4.8　恢复被删除的文件或文件夹

回收站是一个系统文件夹，其作用是把删除的文件或文件夹临时存放在一个特定的磁盘位置，即"回收站"。用户根据需要，既可以还原"回收站"中的文件或文件夹，也可以将其从回收站中永久删除。

1. 还原"回收站"中的文件

具体操作如下：

① 双击桌面上"回收站"图标，打开"回收站"窗口；

② 右键单击要恢复的文件或文件夹，选择快捷菜单中的"还原"命令即可。

2. 清空回收站

具体操作如下：

① 双击桌面上"回收站"图标，打开"回收站"窗口；

② 右键单击空白的位置，选择快捷菜单中的"清空回收站"命令，屏幕上将显示确认删除的对话框，选择"是"按钮或按回车键将其中的文件或文件夹全部删除；

③ 单击"关闭"按钮。

2.4.9　更改文件或文件夹名

具体操作步骤如下。

① 在要更名的文件或文件夹上单击右键，选择快捷菜单中的"重命名"命令。

② 输入新的文件或文件夹名，按回车键即可。

提示：可以在要更名的文件或文件夹上单击两下左键，直接修改文件或文件夹名即可。

2.4.10　搜索文件或文件夹

如果记不清文件或文件夹名或存储位置，可以利用 Windows 7 提供的搜索功能进行查找。在搜索文件或文件夹时，可以使用通配符（通配符"?"和"*"）进行模糊查寻。为了提高查找速度、缩小查找范围，也可以选择具体的保存位置、创建时间等选项进行搜索。

➢　操作方法 1：单击"开始"→在"搜索程序和文件"框中输入想要查找的文件名或文件

夹名，然后按回车键，即可显示搜索的结果。

➢ 操作方法 2：单击"资源管理器"的搜索框→在"搜索程序和文件"框中输入想要查找的文件名或文件夹名，然后按回车键，即可显示搜索的结果。

2.4.11　快速浏览文件或文件夹

使用文件库浏览文件和文件夹的操作方法如下。

① 用鼠标右键单击"开始"按钮→单击"打开 Windows 资源管理器"命令，如图 2-21 所示。

② 在"Windows 7 资源管理器"中，可以单击"工具栏"中的"更改您的视图"按钮选择浏览方式，如按列表方式、大图标、小图标等方式显示文件或文件夹等。

提示：在预览音乐和视频文件时，双击音乐和视频文件即可进行播放，让用户无需运行播放器即可享受音乐或观看影片，非常方便实用。

图 2-21　"Windows 7 资源管理器"窗口

2.4.12　设置文件或文件夹显示选项

在"资源管理器"中，可以通过设置"文件夹选项"，实现显示或隐藏文件、文件夹。

具体操作步骤如下：

① 使用鼠标右键单击"开始"按钮，单击"打开 Windows 资源管理器"命令，打开资源管理器窗口；

② 在资源管理器窗口中，单击"组织"下拉按钮→选择"文件夹搜索选项"命令，屏幕显示"文件夹选项"对话框；

③ 单击"查看"选项卡，显示"文件夹选项"对话框；

④ 用户可以根据需要进行相关的设置，如图 2-22 所示；

⑤ 单击"确定"按钮。

2.4.13　修改文件或文件夹属性

在 Windows 7 中，文件和文件夹都有各自的属性，属性信息包含文件或文件夹的名称、占用空间、位置、创建日期、只读、隐藏、存档等。可以根据用户需要进行设置或修改文件或文件夹的属性。

具体操作步骤如下：

① 在要修改的文件或文件夹上单击鼠标右键，选择快捷菜单中的"属性"命令，打开该文件或文件夹的属性对话框；

② 在属性对话框中，设置只读、隐藏等属性，如图 2-23 所示。

➢ "只读"属性表示该文件不能被修改。

➢ "隐藏"属性表示该文件在系统中是隐藏的，在默认情况下用户不能看见这类文件。

图 2-22　"文件夹选项"对话框

图 2-23 文件属性对话框

2.4.14　使用文件加密功能

具体操作步骤如下：

① 选择要加密的文件，单击鼠标右键，选择快捷菜单中的"属性"命令，打开"属性"对话框；

② 选择"常规"选项卡，单击"高级"按钮，打开"高级属性"对话框，选中"加密内容以便保护数据"复选框；

③ 单击"确定"按钮。

2.5　磁　盘　操　作

对磁盘操作包括检查磁盘使用情况、磁盘格式化、整理磁盘碎片、清理磁盘、更改驱动器名和删除逻辑分区。

2.5.1　磁盘使用情况

具体操作步骤如下：

① 使用鼠标单击"开始"按钮→显示开始菜单。

② 单击开始菜单中的"计算机"项即可查看各个磁盘的使用情况，如图 2-24 所示。

2.5.2　磁盘格式化

硬盘是由多个坚硬的磁片构成的，它们围绕同一个轴旋转。每个磁片被格式化为多个同心圆，称为磁道；每个磁道被分成若干个扇区。因此，磁盘进行格式化后才能存储文件、文件夹。

格式化磁盘的操作步骤如下：

① 使用鼠标单击"开始"按钮→单击开始菜单中的"计算机"选项，显示"资源管理器"窗口；

② 在"资源管理器"窗口，使用鼠标右键单击要格式化的磁盘→选择快捷菜单的"格式化"命令→打开"格式化"对话框，如图 2-25 所示；

③ 选择文件系统格式，选中"快速"格式化复选框，单击"开始"按钮即可完成格式化操作。

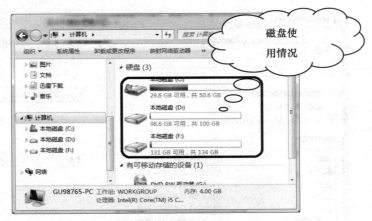

图 2-24　磁盘使用情况

图 2-25　"格式化"对话框

提示：如果要对已用过的磁盘进行格式化，必须慎重，因为格式化磁盘将永久清除磁盘上所有信息。

2.5.3　整理磁盘碎片

"磁盘碎片整理程序"是 Windows 7 操作系统提供的磁盘工具之一，其功能是重新安排文件的存储位置、硬盘上的未用空间，使磁盘上的文件存储在连续的簇中，以提高文件的访问速度。

磁盘使用一段时间后，由于经常安装和卸载应用程序、复制和删除程序等操作，造成文件可能保存在不连续的簇中，即磁盘碎片。定期整理磁盘碎片是非常必要的。

具体操作如下：

① 单击"开始"铵钮→在"搜索程序和文件夹"框中输入"磁盘整理"后回车，打开整理磁

盘的属性窗口；

② 双击"磁盘碎片整理"选项，屏幕显示"磁盘碎片整理程序"窗口；

③ 单击"磁盘碎片整理"命令按钮，按照配置计划的设置进行碎片整理。

提示：根据用户使用计算机的情况，设置配置计划，包括整理磁盘的时间间隔、指定磁盘等。具体配置如图 2-26 所示，单击配置计划进行设置即可。

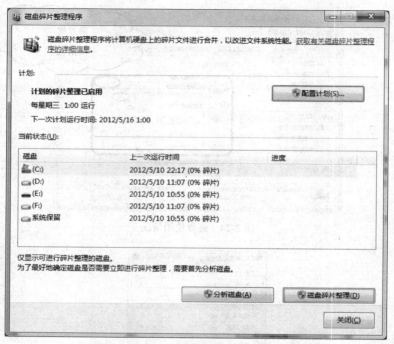

图 2-26 "磁盘碎片整理程序"窗口

2.5.4 清理磁盘

用户可以使用 Windows 7、360 安全卫士软件、Windows 优化大师等软件，清理系统垃圾文件。

使用 Windows 7 清理磁盘垃圾文件，具体操作如下：

① 单击"开始"铵钮→在"搜索程序和文件夹"框中输入"清理磁盘"后回车，打开"磁盘清理：驱动器选择"窗口，如图 2-27 所示；

② 根据用户需要选择清理的磁盘，然后单击"确定"命令按钮即可。

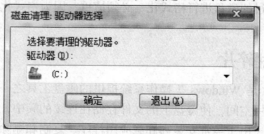

图 2-27 清理磁盘窗口

使用 360 安全卫士清理垃圾文件的操作方法如下：

打开 360 安全卫士窗口，单击"电脑清理"项既可，如图 2-28 所示。

图 2-28　清理垃圾文件窗口

2.5.5　更改驱动器名和删除逻辑分区

具体操作如下：

① 在桌面右键单击"计算机"图标→选择"管理"命令→双击"磁盘管理"，打开"计算机管理"窗口；

② 右键单击"逻辑驱动器"，选择快捷菜单中的命令，如"更改驱动器名"或"删除逻辑驱动器"，即可实现相应的操作，如图 2-29 所示。

图 2-29　计算机管理窗口

2.6 高 级 操 作

2.6.1 Windows 7 任务管理器

任务管理器是 Windows 7 操作系统的重要工具。Windows 7 为用户提供了更易用的性能监视器和资源监视器，极大地拓展了任务管理器的功能。

通过任务管理器可以完成的任务如下：

➤ 监视计算机 CPU 与内存的使用情况；
➤ 查看计算机网络占用情况；
➤ 查看计算机中正在运行的应用程序，并且可以关闭不需要的程序进程等；
➤ 通过进程和服务之间的关系，找出危险的进程；
➤ 设置进程 UAC 虚拟化，使系统更加安全和稳定；
➤ 任务管理器对于维护计算机来说可谓是一个简单实用的小工具。

1. 打开任务管理器

具体操作方法如下。

按下组合键【Ctrl】+【Alt】+【Del】，打开任务管理器窗口。可以通过切换任务管理器上面的选项卡，例如应用程序、进程、性能、联网、用户等完成不同的功能，如图 2-30 所示。

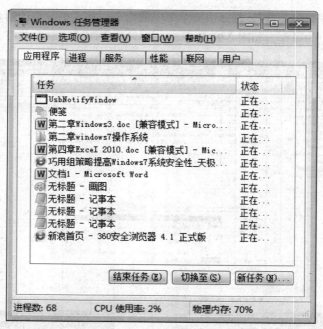

图 2-30 任务管理器窗口

2. 利用任务管理器快速关机、重启

打开任务管理器，选择菜单"关机"→"关闭"，与此同时按住【Ctrl】键，不到 1 秒钟会发现系统已经关闭。同样道理，如果在"关机"菜单中选择"重启"，则可快速重启。

3. 删除不能正常删除的文件

有时会遇到这样的情况：要删除一个文件时系统会提示"该文件正在使用，无法删除"；有些应用程序会没有响应。使用"进程"选项卡是帮助用户解决此类问题的有效工具。

具体操作的方法如下：

① 打开任务管理器，屏幕显示当前活动的应用程序列表；

② 单击要结束的应用程序名，单击"结束任务"命令按钮即可。

4. 利用任务管理器查毒

当计算机运行速度越来越慢，又没有响应，但应用程序选项卡上的所有程序似乎都运行很正常时，可以按 CPU 或内存这一列来排序进程选项卡，看看某个进程是不是在使用大量可用资源。如果发现处理器或内存资源被某个应用程序的进程所使用，可以从中发现可疑程序。

5. 查看进程调用的服务

（1）通过进程文件了解它的位置及相关内容

系统服务和系统进程密切相关，那么启用的这些服务是不是都和进程有关联呢？是不是有病毒伪装成进程或服务呢？Windows 7 的任务管理器能更加清晰地了解到进程与系统服务的关系。

➤ 如果对进程列表中的某个进程不太了解，此时选中该进程后，单击鼠标右键，选择快捷菜中的"打开文件位置"命令即可打开进程中文件所在的文件夹，这样可以对进程属于哪个程序有所了解，如图 2-31 所示。

➤ 如果是系统中的进程文件，可以右键单击该文件，在"详细信息"中查看文件内容。如果查看到某个进程不太安全，可以在任务管理器中，选中该进程，单击鼠标右键选择"结束进程"命令即可结束当前进程。

➤ 如果选择"结束进程树"可以将相关的所有进程和服务一起停止。

（2）查看进程相对应的系统服务

在系统中一些进程文件都链接很多服务，如果想查看某个进程启用了哪些服务时，在进程列表中使用鼠标右键单击该进程，在弹出的对话框中选择"转到服务"，此时，系统会自动转到服务列表中，并框选与进程相关的各个服务。此外，如果对某个服务不太了解，在此单击右键选择"转到进程"，可以查看该服务相关的进程，用起来非常方便。

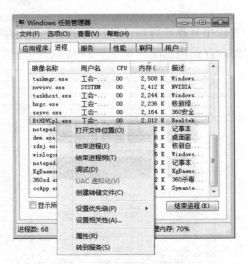

图 2-31　查看进程的相关信息

2.6.2 Windows 7 资源监视器

Windows 7 资源监视器是一个功能强大的工具，用于了解进程和服务如何使用系统资源。除了实时监视资源使用情况外，资源监视器还可以帮助分析没有响应的进程，确定哪些应用程序正在使用文件，以及控制进程和服务。

简单地说，用户可以通过 Windows 7 资源监视器监视软件程序的一举一动，看看哪个软件占用资源最多，哪个软件一直在上传文件，哪个软件在扫描计算机。

1. 打开 Windows 7 资源监视器

打开 Windows 7 资源监视器的方法非常简单，在 Windows 7 开始菜单的"搜索程序和文件"框上输入"资源监视器"，然后按"Enter"键即可打开"资源监视器"窗口。从窗口中可以看到，Windows 7 资源监视器可以监控 CPU、内存、硬盘、网络四大资源模块，如图 2-32 所示。

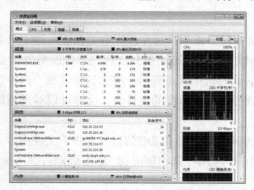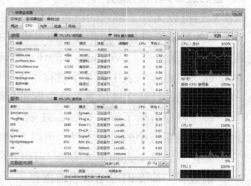

图 2-32　Windows 7 资源监视器

2. 监视 CPU

在监视 CPU 方面，除了可以很直观地看到 CPU 的两个内核的占有率之外，还能详细看到每个程序占用多少资源。同时，可以查看某个程序关联的服务、句柄和模块。

想知道哪个软件导致上网变慢，在 Windows 资源监视器里可以看到所有程序占用网络资源情况，包括下载和上传情况。什么黑客软件都无法逃出这里的监视。

3. 监视内存

在监视内存方面，用户可以很直观地看到已经被使用的物理内存有多少和还剩多少。用户也可以单独查看某个进程的详细内存使用情况，如图 2-33 所示。

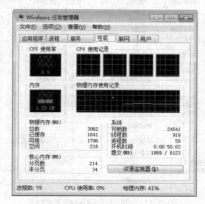

图 2-33　监视 CPU 和内存

4．监视磁盘

系统里面的软件有没有不守规矩随便查看计算机里面的隐私文件？用监视磁盘功能就可以查看这个软件究竟"动"过哪些文件。

利用该项可以关闭硬盘灯"狂扫"的问题。切换到"磁盘"选项卡，在该列表中可以看到每个进程和程序的详细读写速度，如果有一个进程或程序的读写数据特别大，这就是造成硬盘灯"狂扫"的原因。可根据下面的具体路径来观察是否为病毒。如果显示路径异常，那么在拿不准的情况下，可以先结束该进程，然后再借助杀毒软件详细扫描。关闭这些进程时，和上面操作一样，选中该进程后，单击右键，选择"结束进程树"即可关闭所有相关进程和服务。

5．监视网络

想知道哪个软件导致上网变慢，切换到"网络"选项卡，观察"网络活动的进程"，本地端口、远程端口、远程 IP、发送和接收的数据。观察每个进程发包的数量，从而判断出用户的程序哪个对网络流量影响大，通过使用防火墙等工具对该端口封堵即可。

6．关掉无法正常关闭的程序或进程

当某个程序崩溃无法正常关闭时，除了可以在 Windows 7 资源监视器里分析得出什么问题之外，还能选择挂起或者结束这个崩溃的进程。例如一个进程显示暂时无法响应，在这里单击"分析等待链"，可以看到这个程序是不是在等待其他程序完成了才能继续运行。可以减少一些错误判断。如果发现计算机运行缓慢或者上网极慢，可以通过 Windows 7 资源监视器来找出原因所在，可能是某个程序正在偷偷运行，也可能是某个软件在拼命上传资料。

2.6.3　Windows 7 组策略

Windows 7 组策略是为用户和计算机设置并控制程序、网络资源及操作系统行为的主要工具。通过组策略可以设置各种软件、计算机和用户策略，下面就列举几个例子。

1．让 Windows 7 上网浏览更高效

Windows 7 为用户提供了一种 Smart Screen 筛选器功能，该功能在 Windows 7 系统自带 IE 浏览器访问了带有欺骗性并试图收集个人信息的网站，或访问了已知含有恶意软件的网站时，自动向上网用户发出警报。

具体设置如下：

① 单击"开始"按钮→在搜索处输入"gpedit.msc"，打开组策略窗口；

② 打开"计算机配置"项→单击"管理模板"项→单击"Windows 组件"项→单击"Internet Explorer"项，在右侧窗口中显示该项内容；

③ 在右侧窗口中，右键单击"关闭管理 Smart Screen 筛选器警告"项（见图 2-34）→选择快捷菜单中的"编辑"命令，打开"关闭管理 Smart Screen 筛选器警告"对话框；

④ 在对话框中，单击"已禁用"单选框；

⑤ 单击"确定"按钮即可。

2．让媒体播放更顺畅

为了让媒体播放更加顺畅，可以按照下面的操作设置 Windows 7 系统组策略，禁止该系统在 Windows Media Player 应用程序工作过程中自动运行屏幕保护程序。通过以下设置就不会在观看视频时被屏保所困扰。

具体设置如下：

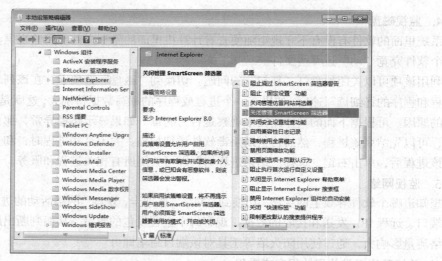

图 2-34　"关闭管理 SmartScreen 筛选器"窗口

① 单击"开始"按钮→在搜索处输入"gpedit.msc"并回车，打开组策略窗口；

② 单击"用户配置"项→单击"管理模板"项；

③ 单击"Windows 组件"项→显示"Windows 组件"下的列表；

④ 单击"Windows Media Player"中的"播放"项；

⑤ 右键单击"允许运行屏幕保护程序"项→选择快捷菜单中的"编辑"命令，打开"允许运行屏幕保护程序"对话框；

⑥ "允许运行屏幕保护程序"对话框中选择"已禁用"单选按钮；

⑦ 单击"确定"按钮。

3. 快速切断远程连接

有的时候，Windows 7 系统突然会出现 CPU 资源被 100%消耗的现象，这种现象往往都是由于非法用户在某个时刻向 Windows 7 系统发起并创建了多个远程连接，这些众多的连接自然会抢用系统的宝贵资源。为了让 Windows 7 系统的运行状态恢复正常，可以按照下面的操作来快速切断所有与 Windows 7 系统保持连接的各个远程连接。

具体设置如下：

① 单击"开始"按钮→在搜索处输入"gpedit.msc"并回车，打开组策略窗口；

② 在左侧窗口，单击"用户配置"项下面的"管理模板"项；

③ 单击"管理模板"下面的"网络"项，在右侧窗口显示"网络"项的内容；

④ 双击"网络连接"项，在右侧窗口显示其内容，用鼠标右键单击其中的"删除所有用户远程访问连接"项，选择快捷菜单中的"编辑"命令，将该窗口中的"已启用"选项选中；

⑤ 单击"确定"按钮即可。

一旦发现远程连接大量消耗 Windows 7 系统资源时，可以打开对应系统的任务管理器窗口，进入其中的"用户"选项卡，选中所有用户的远程连接，并用鼠标右键单击这些远程连接，再执行右键快捷菜单中的"断开"命令即可将 Windows 7 系统的运行状态快速恢复正常。

4. 在开始菜单上添加"运行"项

虽然 DOS 命令已经过时，但是 Windows 7 系统仍然为用户提供了丰富的功能命令。下面介绍如何在开始菜单上添加运行命令菜单。

具体设置如下：

① 单击"开始"按钮→在搜索处输入"gpedit.msc"并回车，打开组策略窗口；

② 在左侧窗口，单击"用户配置"项下面的"管理模板"项；

③ 双击右侧窗口中的"开始菜单和任务栏"选项；

④ 用鼠标右键单击"将运行命令添加到开始菜单"项→选择快捷菜单中的"编辑"命令，打开"将运行命令添加到开始菜单"对话框，选中"已启用"选项，如图 2-35 所示；

⑤ 单击"确定"按钮即可。

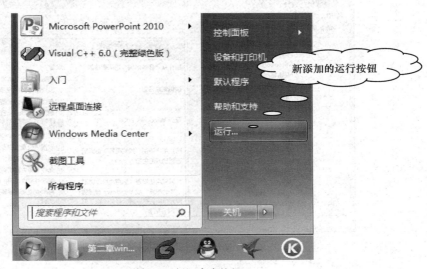

图 2-35　增加"运行"命令按钮

5. 锁定主页

主页被窜改是很常见的，而利用组策略锁定后，就可以彻底解决这一问题。

具体设置如下：

① 单击"开始"按钮→在搜索处输入"gpedit.msc"并回车，打开组策略窗口；

② 在左侧窗口，单击"用户配置"项下面的"管理模板"项；

③ 单击"Windows 组件"项→双击右侧窗口中的"Internet Explorer"选项；

④ 用鼠标右键单击"禁用更改主页设置"项→选择快捷菜单中的"编辑"命令，打开"禁用更改主页设置"对话框，选中"已启用"选项；

⑤单击"确定"按钮即可。

提示：启用此策略设置后，用户将无法对默认主页进行设置，因此如果需要，用户必须在修改设置前指定一个默认主页。

6. 高级防御

系统盘里面有重要的系统文件，不能让别人随便修改或移动，特别是有些分区存有重要文件时，如果只是隐藏驱动器，别人还是能够访问。最安全的方法就是把相关驱动器保护起来，禁止无权限的用户访问。

具体设置如下：

① 单击"开始"按钮→在搜索处输入"gpedit.msc"并回车，打开组策略窗口；

② 在左侧窗口，单击"用户配置"项下面的"管理模板"项；

③ 单击"Windows 组件"项→双击右侧窗口中的"Windows 资源管理器"选项，如图 2-36 所示；

④ 用鼠标右键单击"防止从"我的电脑……"项→选择快捷菜单中的"编辑"命令，打开"防止从"我的电脑""对话框，选中"已启用"选项；

⑤ 单击"确定"按钮即可。

提示：其他人再想访问相关驱动器时，会出现"限制"的提示窗口，当自己需要查看时，只要把相关的策略设置从"已启用"改成"未配置"即可。

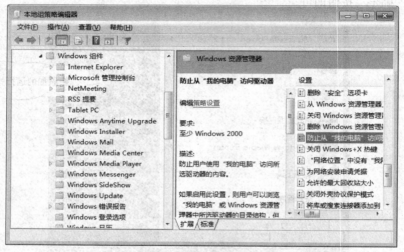

图 2-36　本地组策略编辑器

2.6.4　电源计划与设置

电源计划是指计算机中各项硬件设备电源的规划，通过使用电源计划能够非常轻松地配置电源。比如，用户可以将电源计划设置为在用户不操作计算机的情况下 30 min 后自动关闭显示器，在 1h 不操作计算机后使计算机进入睡眠状态等。

Windows 7 内置了 3 种电源计划，具体如下。

➤ 平衡：这种电源计划会在系统需要完全性能时提供最大性能，当系统空闲时尽量节能。这是默认的电源计划，适合大多数用户。

➤ 节能：这种电源计划会尽可能地为用户节能，比较适合使用笔记本电脑外出的用户，此计划可以帮助用户提高笔记本电脑户外使用时间。

➤ 高性能：无论用户当前是否需要足够的性能，系统都将保持最大性能运行，是 3 种计划中性能最高的一种，适合少部分有特别需要的用户。

1．使用电源计划

在了解电源计划后，用户便可更换电源方案来满足性能或节能上的需求。对于笔记本电脑来说，使用节能电源计划意味着能够拥有更长的续航时间，但相对来说性能方面有些限制；对于台式机来说，使用高性能电源计划将使计算机始终保持高性能状态，而不需要从低性能切换到高性能这样一个过程，但相对节能电源计划会有更高的功耗。如果用户所使用的是笔记本电脑，则可以将鼠标移动指针至通知区域中的"电池"图标上并单击，会出现电池状态以及选择电源计划的指示器。

查看电源计划：单击"开始"按钮→指向"控制面板"项→选择"电源选项"，打开电源计划窗口，如图 2-37 所示。

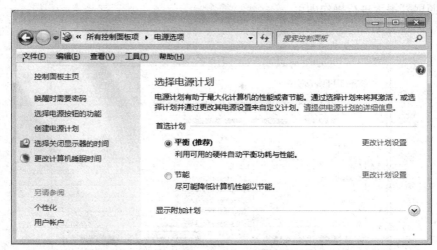

图 2-37 查看电源计划

2. 更改电源计划

内置的 3 种电源计划可能无法满足用户对电源管理的需要，用户可以根据需要更改电源计划，也可以创建新的电源计划。

更改电源计划的操作步骤如下：

① 打开控制面板中的"电源选项"窗口；

② 单击右侧的"更改电源计划"链接，切换到"更改电源计划"窗口；

③ 修改关闭显示器的时间为 20 min。

2.6.5 硬件的安装

1. 安装即插即用的设备

即插即用就是指计算机安装了硬件之后，还必须安装硬件本身的驱动程序，才能够使用。即插即用的作法是在 Windows 操作系统中，内置许多常用硬件的驱动程序，当用户安装了硬件之后，如果 Windows 中有此硬件的驱动程序，系统就会自动安装；如果没有，用户就必须自己另外安装驱动程序了。

常见的即插即用设备有 MP5、U 盘、移动硬盘、数码相机、扫描仪、打印机等。

下面以移动硬盘为例，介绍即插即用设备的安装过程。

具体操作：将移动硬盘插入计算机的 USB 接口中，此时，系统会自动检测到新硬件，并开始自动安装设备的驱动程序，当出现"可以使用"的提示信息时，则表明硬件已被成功安装。

2. 安装非即插即用设备

以安装打印机为例，介绍非即插即用设备的安装过程。

具体操作步骤如下：

① 安装并连接好打印机的电源；

② 单击"开始"按钮→单击开始菜单中的"设备和打印机"命令→打开"添加打印机"窗口；

③ 单击"添加打印机"按钮→选择"添加本地打印机"项→屏幕显示"添加打印机"窗口，如图 2-38 所示；

④ 在"添加打印机"窗口中，从"厂商"、"打印机"列表中选择配置参数；

⑤ 按照屏幕提示进行操作即可。

图 2-38 添打印机

2.6.6 设置默认打印机

具体操作步骤如下：

① 单击"开始"按钮→单击"打印机和传真机"快捷方式，打开"打印机和传真机"窗口；

② 在"打印机和传真机"窗口中，右键单击"打印机"图标，选择快捷菜单中的"设为默认打印机"命令即可。

2.6.7 使用打印机

在使用打印机打印文件时，屏幕将显示当前打印任务的状态，其中包括正在打印的任务和等待打印的任务。用户可以通过打印状态窗口，对打印任务进行取消、暂停等操作。

具体操作如下：

① 单击"开始"按钮→单击开始菜单中的"设备和打印机"按钮，打开"打印机和传真机"窗口；

② 在"打印机和传真机"窗口中，双击"打印机"图标，打开"打印机"窗口；

③ 用户可以选择"文件"菜单中的"暂停打印"或"取消所有文档"命令，即可完成相应的功能；

④ 单击"关闭"按钮。

提示：安装其他外设时，必须先安装该设备的驱动程序，然后才可以使用。

2.7 实 验 目 的

➤ 掌握管理应用程序的方法。

➤ 掌握文件或文件夹的操作。

> 掌握磁盘的操作。
> 掌握创建操作对象的快捷方式。
> 掌握个性化设置和系统设置。

2.7.1 实验内容和要求

按照下列题目的要求完成各题。

（1）写出快速启动应用程序的 3 种方法。

（2）写出卸载程序的方法，并附截图。

（3）写出改变应用程序窗口大小和切换窗口的方法。

（4）在如图 2-39 所示对话框中标出各元素的名称。

（5）在桌面创建"写字板"程序的快捷方式，并写出创建的方法。

（6）在 D 盘创立如图 2-40 所示文件夹结构。

具体要求如下：

① 复制 C:\Windows\system32 文件夹下的 1K 文件到 D 盘"zhangyi"文件夹中；

② 复制 C:\Windows\system32 文件夹下 s 开头的 3 个字符的可执行文件到 D 盘"zhangyi"文件夹中；

③ 用画笔程序创建一幅画并保存到 D 盘"图片"文件夹中；

④ 复制音乐库中的 3 个 MP3 文件到 D 盘"音乐"文件夹中；

图 2-39 "段落"对话框

⑤ 将新建的文件夹结构添加到库中，并附截图。

（7）上机练习文件或文件夹的选定、复制、移动、删除、更名、修改属性等操作。

（8）写出你熟悉的文件类型名。

（9）如何删除任务栏最右侧的应用程序图标。

图 2-40 文件夹结构

（10）附一个整理 D 磁盘碎片的窗口截图，并写出整理磁盘碎片的目的。

（11）查看本机硬盘使用情况，并附窗口截图。

（12）上机练习系统设置，包括屏保程序、计算机桌面、设置分辨率、设置用户权限和开始菜单等。

（13）上机练习，添加一个新用户，其名 dulili，并使该用户具有管理员的权限，附主要窗口截图。

（14）在桌面上创建目前经常使用的磁盘、文件夹和硬件的快捷方式，并附截图。

（15）使用软件清理垃圾文件，并附截图。

2.7.2 实验报告要求

（1）提交一份电子文档报告，其文件名为：两位小班班号+两位小班学号+姓名+实验#。

（2）电子文档内容要求如下：

① 上机题目结果及答题内容。

② 实验总结：收获和体会。

（3）在规定时间内将实验报告上传到指定的服务器上。

第3章
Word 2010 文字处理软件

本章学习重点

➢ 掌握文档的管理方法。

➢ 掌握输入文档的方法和技巧。

➢ 掌握编辑文档、表格、图形的方法。

➢ 掌握文档的美化与排版技术。

➢ 掌握图文混排的方法。

3.1 Word 2010 概述

3.1.1 Microsoft Office 2010 简介

Microsoft Office 2010 是美国 Microsoft 公司推出的最新的、功能强大的办公自动化套装软件。它适于制作各种文档，如论文、各种报表、报刊、杂志等，在许多领域得到了广泛的应用。Microsoft Office 2010 办公软件共有 6 个版本，分别是初级版、家庭及学生版、家庭及商业版、标准版、专业版和专业高级版，此外还推出了 Office 2010 免费版本。Microsoft Office 办公软件由 6 个应用组件组成，常用的组件及用途如下。

➢ Microsoft Office Word 2010 文字处理软件。

➢ Microsoft Office Excel 2010 电子数据表程序。

➢ Microsoft Office PowerPoint 2010 演示文稿程序。

➢ Microsoft Office Outlook 2010 电子邮件管理软件。

➢ Microsoft Office Access 2010 数据库处理软件。

3.1.2 Microsoft Word 2010 功能与特点

Word 2010 是一个集文字、图片、表格、排版及打印为一体的文字处理软件。利用它可以轻松、高效地组织和创建专业水准的文档，用户还可以与他人协同工作并可以在任何地点访问用户的文件。

3.1.3 Microsoft Word 2010 提供的操作

Word 2010 提供的主要操作如图 3-1 所示。

Word 2010
功能

（1）与他人协同工作。Word 2010 提供了与他人共同完成编辑文档的功能。

（2）几乎可以从任何位置访问和共享文档。在线发布文档，然后通过任何一台计算机或 Windows 电话对文档进行访问、查看和编辑。

（3）强大的编辑排版功能。Word 2010 提供了丰富的字体、段落样式和编排功能及图形的剪裁和添加图片特效等功能。

（4）添加视觉效果。利用 Word 2010，将阴影、凹凸效果、发光、映像等格式效果轻松应用到文档文本中。

（5）表格计算功能。提供了数据的排序、内置函数，以满足数据处理的要求。

（6）强大的图表处理功能。从众多的附加 Smart Art&reg 图形中进行选择，即可构建精彩的图表。

（7）强大的数据交换能力。可以将文档直接保存为交互式 Web 页，发布到网上供用户访问。

（8）直接发送邮件功能。可以直接启动 Outlook，将文档以邮件的形式发送出去。

（9）恢复文档功能。当计算机出现异常情况时，可以像打开任何文件那样轻松恢复最近所编辑的文档。

（10）截图功能。直接从 Word 2010 中捕获和插入屏幕截图，以快速、轻松地将视觉插图纳入到工作中。

（11）跨越沟通障碍。Word 2010 有助于用户跨不同语言进行有效的工作和交流。

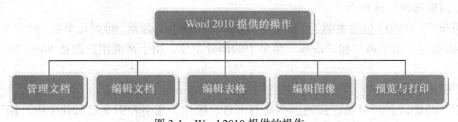

图 3-1　Word 2010 提供的操作

3.1.4　Word 2010 窗口及窗口设置

1．Word 2010 窗口介绍

Word 2010 编辑窗口是由快速访问工具栏、文件菜单、选项卡、功能区、文档编辑区、窗口控制按钮、标尺、滚动条、滚动块、状态栏等组成的，如图 3-2 所示。

2．Word 2010 功能菜单介绍

Word 2003 升级到了 Word 2010，其最显著的变化就是使用"选项卡"代替了 Word 2003 中的菜单栏，功能区的命令代替了一些工具栏的命令，常用工具栏、文件菜单仍然保留，使用户操作起来更容易、便捷。

（1）"开始"功能选项卡

"开始"功能区中包括剪贴板、字体、段落、样式和编辑 5 个组，对应 Word 2003 中的"编辑"和"段落"菜单部分命令。该功能区主要用于帮助用户对 Word 2010 文档进行文字编辑和格式设置，是用户最常用的功能区。

图 3-2　Word 2010 编辑窗口

（2）"插入"功能选项卡

"插入"功能区包括页、表格、插图、链接、页眉和页脚、文本、符号和特殊符号几个组，对应 Word 2003 中"插入"菜单的部分命令，主要用于在 Word 2010 文档中插入各种元素。

（3）"页面布局"选项卡

"页面布局"功能区包括主题、页面设置、稿纸、页面背景、段落、排列几个组，对应 Word 2003 中的"页面设置"菜单命令和"段落"菜单中的部分命令，用于帮助用户设置 Word 2010 文档页面样式。

（4）"引用"选项卡

"引用"功能区包括目录、脚注、引文与书目、题注、索引和引文目录几个组，用于实现在 Word 2010 文档中插入目录等比较高级的功能。

（5）"邮件"选项卡

"邮件"功能区包括创建、开始邮件合并、编写和插入域、预览结果和完成几个组，该功能区的作用比较专一，专门用于在 Word 2010 文档中进行邮件合并方面的操作。

（6）"审阅"选项卡

"审阅"功能区包括校对、语言、中文简繁转换、批注、修订、更改、比较和保护几个组，主要用于对 Word 2010 文档进行校对和修订等操作，适用于多人协作处理 Word 2010 长文档。

（7）"视图"选项卡

"视图"功能区包括文档视图、显示、显示比例、窗口和宏几个组，主要用于帮助用户设置

Word 2010 操作窗口的视图类型，以方便操作。

　　提示：隐藏功能区可以在任意选项卡上单击鼠标右键，然后选择快捷菜单中的"功能区最小化"命令即可。

　　3."快速访问工具栏"命令的添加与隐藏

　　添加"快速访问工具栏"命令的操作方法如下。

　　添加"快速访问工具栏"的命令按钮，可以单击该工具栏最右侧的下拉按钮，在下拉列表中选择要添加的命令项即可，如图 3-3 所示。

　　提示：隐藏"快速访问工具栏"中的命令按钮，可以单击该工具栏最右侧的下拉按钮，在下拉列表中取消选择即可。

　　4. 改变"快速访问工具栏"的位置

　　具体操作方法如下：

　　在"快速访问工具栏"中任意命令按钮上单击鼠标右键→选择快捷菜单中的"在功能区下方显示快速访问工具栏"命令即可改变"快速访问工具栏"的位置。

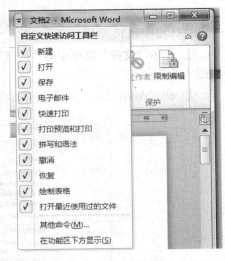

图 3-3　增加快速工具栏中的命令按钮

　　5. 隐藏功能区

　　具体操作如下：

　　在"选项卡"选项上单击鼠标右键，然后选择"快捷菜单"中的"功能区最小化"命令即可。

3.2　配置一个轻松的编辑环境

　　在 Word 2010 编辑窗口中，通过修改系统默认设置，可以创建一个轻松的 Word 2010 编辑环境，具体包括设置自动保存文档的时间间隔、默认保存文档的位置、自动恢复文件的位置、默认输入法等。设置好编辑环境可以大大提高工作效率。

3.2.1　设置自动保存文档的位置

　　当用户保存文档时，如果不选择保存文档的位置，系统自动将文档保存到系统的默认位置，根据用户需要可以随时设置系统默认保存文档的位置。保存文档的位置可以是桌面、磁盘、文件夹、库中等。

　　设置默认保存文档的位置具体操作如下：

　　① 单击"文件"菜单中的"选项"命令→单击"保存"选项卡，打开"Word 选项"对话框，如图 3-4 所示；

　　② 在"Word 选项"对话框中，将文件的保存格式设置为"*.docx"或"*.doc"；

　　③ 单击"默认文件位置"后的"浏览"按钮，选择一个保存文档的文件夹；

　　④ 单击"确定"按钮即可。

　　提示：设置好默认文件夹后，编辑文档时就不用在每次保存文档时考虑选择保存文档的位置问题，系统将会按照"默认文件位置"保存文档文件。

3.2.2　设置自动保存文档的时间间隔

　　Word 2010 提供了自动保存文档的时间间隔，该项设置避免因停电、死机等意外而造成的文档丢失。

具体操作如下：

① 单击"文件"菜单中的"选项"命令→单击"保存"选项卡，打开"Word 选项"对话框，如图 3-4 所示；

② 在"Word 选项"对话框中，将"保存自动恢复的时间间隔"设置为：5 分钟。

图 3-4　修改系统默认设置

3.2.3　设置自动恢复文件的位置

根据用户需要设置自动恢复文件的位置，用户可以从这里找到被恢复的文档文件。

具体操作如下：

① 单击"文件"菜单中的"选项"命令→单击"保存"选项卡，打开"Word 选项"对话框，如图 3-4 所示；

② 单击"自动恢复文件的位置"文本框旁边的"浏览"按钮，设置自动恢复文件的具体位置，可以是磁盘、文件夹等，如图 3-4 所示。

3.2.4　设置默认中文输入法

具体操作如下：

① 单击"文件"菜单中的"选项"命令→单击"高级"选项卡，打开"Word 选项"对话框；

② 单击"输入法设置"命令按钮，显示"搜狗拼音输入法设置"，如图 3-5 所示；

③ 设置"输入风格"、"初始状态"、"特殊习惯"和"恢复本页默认设置"选项等；

④ 单击"确定"按钮即可。

3.2.5　在桌面创建操作对象的快捷方式

在桌面创建设备或文件夹的快捷方式，其目的是便于快速访问。

具体操作如下：

① 在桌面单击"计算机"图标→打开"计算机"窗口，找到文档的文件夹→在其上单击右键

选择"快捷方式菜单"上的"发送到"命令→选择"桌面快捷方式"即可；

② 找到常用的设备图标，在其上单击鼠标右键选择"快捷方式菜单"上的"发送到"命令→选择"桌面快捷方式"即可。

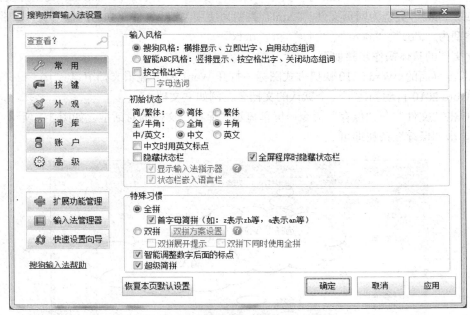

图 3-5　"搜狗拼音输入法设置"对话框

3.2.6　创建自动更正文本词条

所谓文本词条就是指日常工作中，经常输入的长句子。设置常用文本词条，就是把经常输入的长句子添加到"自动更正词条"中，使用时直接输入简单的字符，自动更换成文本词条。

添加词条的具体操作如下：

① 单击"文件"菜单中的"选项"命令→单击"校对"命令，打开"Word 选项"对话框；

② 打开"Word 选项"对话框→单击"自动更正选项"命令按钮→打开自动更正对话框；

③ 在"替换"框中键入"wyxy"，在"替换为"框中输入"XXX 大学外语学院"→单击"添加"按钮，如图 3-6 所示；

④ 单击"确定"按钮即可。

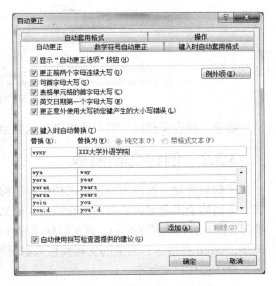

图 3-6　"自动更正"对话框

3.3　Word 2010 文档操作

文档操作包括创建文档、保存文档、打开文档和保护文档。

3.3.1 创建文档

启动 Word 2010 后会自动创建一个默认的文档文件，其文档名为"文档 1"。文档的类型有.docx、.dotx、.xml 和.html、.txt 等。其中".docx"类型为文档文件；".dotx"类型为模板文件；".html"或".htm"类型为网页文件。".xml"类型为使用 Word 软件建立的源代码文件。常用文档文件的类型为".doc"、".docx"、".dot"和".dotx"。

建立文档的具体操作步骤如下。

① 双击桌面的 Word 2010 快捷方式图标→打开 Word 2010 编辑文档窗口。

② Word 2010 自动创建了一个默认的文档名，例如"文档 1"。

③ 单击"文件"→"保存"命令→屏幕显示"保存"文件的对话框，如图 3-7 所示。

④ 单击"保存"按钮即可。

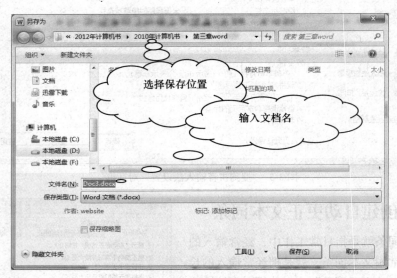

图 3-7 "保存"文件对话框

提示：保存文档时不需要选择文档的类型，默认类型名为".docx"。

3.3.2 创建文档模板

文档模板是一种预先设置好文档版面结构及文档格式的特殊文档，如空白的毕业证书、简历表、空白的个人登记表、空白的介绍信、论文模板等。用户使用 Word 2010 提供的、网上的文档模板，输入自己的相关信息，就可以快速建立自己的文档文件。使用模板创建文档既方便又快捷。但是，Word 提供的、网上的文档模板未必对用户适用，学会建立模板也是非常有用的。

具体操作步骤如下：

① 单击"文件"菜单中的"新建"命令→在窗口右侧选择"我的模板"；

② 单击"空白文档"图标→在新建选择区中选择"模板"单选按钮；

③ 输入模板的内容、设计格式和外观，如设计一份简历空白表；

④ 单击"文件"→"保存"命令，打开"另存为"对话框，在"文件名"文本框中输入模板的文件名，如"大学简历"，如图 3-8 所示；

⑤ 单击"确定"按钮即可。

图 3-8　保存"模板"对话框

3.3.3　输入文本的方法和技巧

1. 输入文本的方法

具体操作步骤如下：

① 首先要确定输入文本的位置。在输入文本的位置上双击→并将光标移动到该位置；

② 直接输入英文、中文、日期、数字、各种符号、运算符等。

提示：中英文输入法切换键为：【 Ctrl 】+【 空格键 】；中文输入法的切换键为：【 Ctrl 】+【 Shift 】。

提示：录入文本的方法，以自然段为一个编辑单位，当输入内容超过页面宽度时，Word 2010 会自动换行，当录入完一段文字后，应该按【 Enter 】键强制换行。采用此方法录入文档，利于文档的排版。

2. 输入文本的技巧

快速输入文本的方法：

➢　按【 F4 】功能键即可实现重复输入刚输入过的字、词和句的功能，例如，在输入课表内容时，对于课表中重复出现的文本，就可以采用这种方法输入；

➢　采用以词为单位输入文本内容。

3. 使用快捷键输入文本

将文档中重复出现的词组或句子复制到剪贴板中，需要键入时再粘贴到文档中。例如，输入一篇文章，多处出现"电脑"一词，输入时只需输入一遍，然后选中它并按【 Ctrl 】+【 C 】组合键将其复制到剪贴板中，以后再输入时直接按【 Ctrl 】+【 V 】即可 。

4. 粘贴网页内容

在 Word 中粘贴网页内容时，只需在网页中复制内容，切换到 Word 中，单击"粘贴"按钮，网页中所有内容就会原样复制到 Word 中，这时在复制内容的右下角会出现一个"粘贴选项"按钮，单击按钮右侧的黑三角符号，弹出一个菜单，选择"仅保留文本"即可。

5. 使用替换法输入文本

具体操作方法如下：

① 在输入文档时，对于重复出现的词组或句子可以先用一个字符，例如"1"来代替输入的

词组或句子；用"2"来代替输入的另外一个词组或句子；

② 输入结束时，用替换的方法把文档中用"1"或"2"标记替换成需要的词组或句子，例如用"1"来替换成"社会主义"一词，如图 3-9 所示；

③ 单击"全部替换"即可。

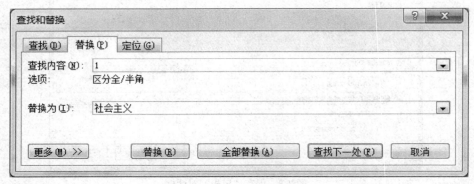

图 3-9 "查找与替换"对话框

3.3.4 在文档中插入特殊符号

1. 插入日期和时间

具体操作步骤如下：

① 选择要插入日期和时间的位置；

② 单击"插入"选项卡→在文本功能区单击"日期和时间"命令按钮→显示"日期和时间"对话框；

③ 在"可用格式"列表中选择一种"日期和时间"格式；

④ 单击"确定"按钮即可。

提示：如果选择"自动更新"复选框，插入文档中的日期和时间会自动更新。

2. 输入特殊符号

具体操作步骤如下：

① 选择要插入符号的位置；

② 单击"插入"选项卡→在符号功能区中的下拉列表中选择"其他符号"命令→打开"符号"对话框；

③ 选择一种"特殊符号"→单击"插入"命令按钮即可。

3.3.5 插入编号及项目符号

1. 插入编号

具体操作步骤如下：

① 选定要添加编号的位置或选中要添加编号的文本；

② 单击"插入"选项卡→在符号功能区中单击"编号"命令按钮→打开"编号"对话框；

③ 在"编号"框中输入起始编号，如 5，在"编号类型"框中选择一种编号类型→单击"确定"命令按钮即可，如图

图 3-10 "编号"对话框

3-10 所示。

2. 插入项目符号

具体操作步骤如下：

① 选定要添加项目符号的位置或选中要添加项目符号的文本；

② 单击鼠标右键选择"快捷菜单"中的"项目符号"菜单命令→选择一种项目符号即可。

3.3.6　文档的保存、打开和保护

1. 保存文档

单击"文件"菜单下的"保存"命令，在保存对话框中选择保存文档的位置和文档名即可。使用 Word 2010 创建的文档类型为".docx"和".doc"。除此以外，还可以将 Word 2010 文档直接保存为 PDF 文件。

具体操作如下：

① 打开 Word2010 文档窗口→单击"文件"菜单下的"另存为"命令→打开"另存为"对话框，如图 3-11 所示；

② 在"另存为"对话框选择文件的类型为".PDF"，输入文档名；

③ 单击"确定"命令按钮即可。

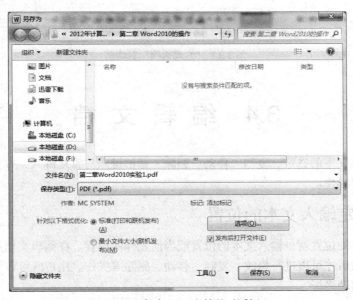

图 3-11　保存 PDF 文档的对话框

2. 打开文档

打开文档就是将存储在磁盘中的文档文件读到内存，并显示到 Word 2010 窗口中，供用户编辑。

3. 保护文档

如果文档要求保密，则可设置"打开权限密码"，没有打开权限密码，将无法打开文档；如果文档允许用户看，但不允许修改，则可设置"修改权限密码"，没有修改权限密码，将只能以"只读"方式打开浏览。

具体操作如下：

① 单击"文件"菜单中的"保存"命令→打开"保存"对话框；

② 单击"保存"对话框中的"工具"命令按钮→选择"工具"菜单中的"常规选项"命令→打开"常规选项"对话框，如图 3-12 所示；

③ 在"常规选项"对话框中设置"打开文档时的密码"和"修改文档时的密码"→单击"确定"按钮即可。

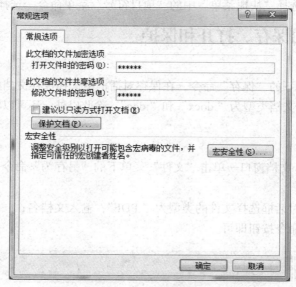

图 3-12 "常规选项"对话框

3.4 编 辑 文 档

编辑文本包括文本的选定、复制、移动、删除、撤消键入与重复键入、查找、替换、修改、拼写、语法检查等操作。

3.4.1 确定输入文本的位置

确定输入文本的位置就是输入文本的位置或当前光标的位置。在编辑文档过程中，首先要确定光标的位置，然后才可以进行修改、复制、移动、删除等操作。用户既可以使用鼠标移动光标也可以使用键盘移动光标。

1. 使用鼠标移动光标

➢ 使用鼠标移动光标的方法很简单：只要把鼠标移到要输入文本的位置，然后单击即可。

➢ 如果编辑长文档，可以使用滚动条快速移动文档窗口，然后将鼠标移动到需要修改的地方单击即可。

2. 使用键盘移动光标

使用键盘移动光标如表 3-1 所示。

3.4.2 选定文本

在输入文本之后，如果需要修改文本、移动文本、复制文本、删除文本等操作，必须先选定文本，然后才能对其进行复制、移动等操作。文档编辑区的最左侧称为选择区。当鼠标移动到选择区时，鼠标指针会变成一个指向右侧的箭头光标。

表 3-1　　　　　　　　　　　　　使用键盘移动光标

快捷键	用　　途
Home	把光标移到当前行的开始处
End	把光标移到当前行的末尾处
PgUp	把光标向上滚动一页
PgDn	把光标向下滚动一页
Ctrl+ PgUp	把光标移动到上一页
Ctrl+ PgDn	把光标移动到下一页
Ctrl+Home	把光标移动到文档的开始位置
Ctrl+End	把光标移动到文档的结束位置

1．使用鼠标选定文本

具体操作方法如下。

➢ 　选定一个字或词：可以双击该字或词。

➢ 　选定一行：在行首的位置即选择区单击即可。

➢ 　选定一段：在选定区用鼠标指向选定段落的段首双击即可。

➢ 　选定多行：将鼠标指针移到待选定行的首行选择区位置，向下拖曳鼠标即可选中。

➢ 　选定整个文档：按【Ctrl】+【A】组合键或将鼠标移到文档的选择区内单击鼠标左键 3 次即可。

➢ 　选定图形或图片：单击图形或图片即可。

2．取消文本的选定

具体操作方法如下。

➢ 　利用鼠标取消文本的选定：单击文档的任意位置即可。

➢ 　利用键盘取消文本的选定：按任意一个光标移动键即可。

3.4.3　删除或恢复文本

1．删除文本

首先确定删除文本的位置，然后使用【Del】或【Delete】键，删除光标右侧的字符；
使用【Backspace】键即可删除光标左侧的字符。

2．删除对象

首先选定要删除的对象，按【Del】键或【Backspace】键即可删除。其中，对象是指图形、图片、文本框等。

3．撤消键入与重复键入文本

在编辑文本时，Word 2010 将自动记录下操作过程及内容的变化，以后可以多次"撤消键入"或"重复键入"的操作。

具体操作如下：

➤ 单击"快速访问工具栏"中的"撤消键入" ↩ 命令按钮即可撤消上一次的操作；

➤ 单击"快速访问工具栏"中的"重复键入" ↪ 按钮即可恢复上一次撤消的操作。

3.4.4 移动文本

在对文档编辑时，经常对选定的文本进行移动操作。所谓移动就是将选定的文本从一个文档中某一个位置移到另一个位置。

1. 使用快捷键移动文本

① 选定要移动的文本。

② 按【Ctrl】+【X】键，将选定的文本从原位置处删除，被存放到剪切板中。

③ 移动光标到目标位置，按【Ctrl】+【V】键，将存放在剪切板中的内容粘贴到新的位置。

2. 使用鼠标移动文本

① 选定要移动的文本。

② 直接拖曳选定的文本到指定的位置。

3.4.5 复制文本

1. 使用快捷键复制文本

具体操作步骤如下：

① 选定要复制的文本；

② 按【Ctrl】+【C】键，选定的文本块被复制一份存放到剪切板中；

③ 将光标移动到指定的位置；

④ 按【Ctrl】+【V】键，将存放在剪切板中的内容粘贴到指定的位置。

2. 使用鼠标复制文本

具体操作步骤如下：

① 选定要复制的文本内容；

② 将鼠标指向选定的文本区，按下鼠标左键，鼠标指针的下方出现了一个虚线框，按住【Ctrl】键，直接拖曳选定的文本到指定的位置，松开鼠标左键，再松开【Ctrl】键即可。

提示：使用鼠标拖曳的方法复制文本只适合短距离的情况。

3.4.6 查找与替换文本

Word 2010 不仅可以快速地查找文本并可以把查找到的文本替换成其他文本，还可以按指定的格式和其他特殊字符进行查找。利用查找和替换功能可以大大提高编辑工作的效率。

1. 查找指定的文本

用户不仅可以查找指定的文本（文本包含中文、英文、制表符、分节符、段落标记），还可以利用查找功能实现快速定位功能。

具体操作步骤如下：

① 选择编辑功能区中的"查找"命令按钮或单击下拉列表上的"高级查找"菜单；

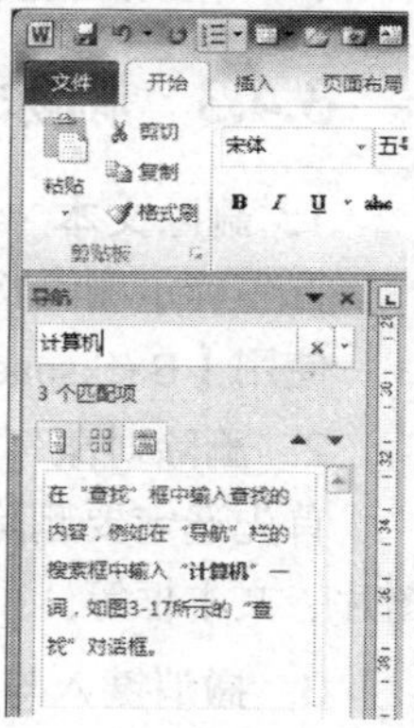

图 3-13 查找对话框

② 在"查找"框中输入查找的内容，例如在"导航"栏的搜索框中输入"计算机"一词，显示查找结果，如图 3-13 所示。

2. 高级查找

具体操作如下：

① 单击"查找"右侧下拉列表中的"高级查找"命令→显示"查找和替换"对话框；

② 在"查找内容"列表框中输入要查找的文本，例如，输入"计算机"；

③ 单击"查找下一处"按钮即可查找指定的文本。若用户想继续查找，可以直接单击"查找下一处"命令，直到文档结束。

高级查找选项的说明如下：

➤ 搜索范围包括"全部"、"向上"和"向下"；

➤ 选择"区分大小写"项，则要求大小写字母精确匹配，否则在查找时将不区分大小写；

➤ 选择"全字匹配"项，则只匹配整个单词。例如要查找 Word，则只查找与 Word 整个单词完全一样的单词；

➤ 选择"使用通配符"，则可以在"查找内容"框中使用通配符来查找文本；

➤ 选择"同音"，则可以查找发音相同的单词；

➤ 选择"查找单词的所有形式"，则可以查找单词的所有形式（复数、过去时等）；

➤ 选择"区分全半角"，则同一个字符的全角和半角形式被认为是不相同的字符；

➤ "格式"按钮用于设置所要查找的格式。单击该按钮，会显示一个包含"字体"、"段落"、"制表位"、"语言"、"图文框"、"样式"以及"突出显示"的菜单；

➤ "特殊字符"按钮用于在"查找内容"文本框中查找一些特殊字符，例如，段落标记、制表符等；

➤ "不限定格式"按钮，用于取消"查找内容"框的格式，只有利用"格式"按钮设置了格式之后，"不限定格式"按钮才变为可选。

3. 替换文本

具体操作步骤如下：

① 单击"开始"选项卡→选择"编辑"功能区中的"替换"命令，显示"查找和替换"对话框；

② 在"查找内容"文本框中输入"计算机"，在"替换为"文本框中输入"电脑"；

③ 单击"全部替换"命令按钮即可，如图 3-14 所示。

图 3-14　查找和替换对话框

提示：使用"全部替换"命令时一定要谨慎。

3.5　文档的美化与排版

3.5.1　设置字符格式

具体操作如下：

① 选定要设置格式的文本；

② 单击"开始"选项卡→选择"字体"、"字号"、"粗体"、"斜体"或其他格式按钮即可改变所选文本的格式。

提示：字号大小有两种表达方式，以"初号"为最大字号，"八号"为最小字号；以"72"磅字为最大字号，"5"磅字为最小字号。根据页面大小可以设置特大号的字。

3.5.2　利用格式刷格式化文本

利用"格式刷"可以将选定的文本格式快速地应用于其他文本。

具体操作步骤如下：

① 选定要复制格式的文本；

② 双击"开始"选项卡中的"格式刷"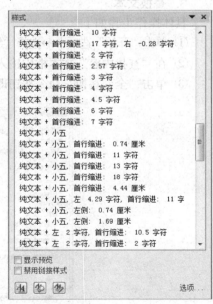按钮，此时鼠标指针变成"刷子形状"；

③ 用"刷子形状"光标去选定要进行格式化的文本；

④ 依此类推，可以对多行或多段进行格式化。

提示：如果单击"开始"选项卡中的"格式刷"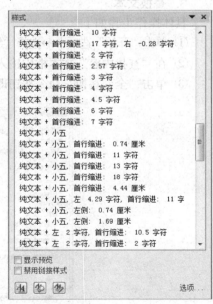按钮，只能进行一次格式化，双击可以进行多次格式化。

3.5.3　利用样式格式化文本

所谓样式就是应用于文档中的一套格式命令的集合，它能迅速改变文档的外观。使用 Word 提供的样式，可以快速统一文档的格式，以提高格式化文档的效率。

1. 使用已有样式

单击"开始"选项卡→选择"样式"功能区中的"显示样式窗口"命令按钮→选择 Word 2010 中提供的"样式集"中的一种样式。

2. 创建新样式

具体操作步骤如下：

① 单击"开始"选项卡→选择"样式"功能区中的"更改样式"命令按钮→显示"样式"窗口，如图 3-15 所示；

② 单击"样式"窗口中的"新建样式"命令按钮，显示"工具格式设置新建样式"窗口；

图 3-15　"首字下沉"对话框

③ 在"新建样式"对话框中，在"名称"文本框中，输入一个新建样式的名称；在"样式类型"文本框中选择"段落"；在"样式基于"文本框中选择"标题 1"；在"后继段落样式"文本框中选择"标题 2"。然后分别单击"格式"按钮，进行字体、段落、边框等 7 个格式的设置；

④ 单击"确定"按钮。

3.5.4　设置首字下沉

在报纸刊物或杂志上经常会看到首字符下沉的文章，即在文章开始的首字被放大并占据 2 行或 3 行，其他字符围绕在它的右下方。其目的是使文本更加醒目。

具体操作步骤如下：

① 移动光标到要设置首字下沉的段落中；

② 选择"插入"选项卡中的"字体"功能区→单击"首字下沉"的下拉列表中"首字下沉选项"菜单命令，显示"首字下沉"对话框；

③ 在"首字下沉"对话框中进行"首字下沉"相关参数的设置即可。

提示：首字下沉只有在页面视图中才能看到实际的排版效果。

3.5.5　插入艺术字

具体操作步骤如下：

① 移动光标到要设置艺术字的段落中；

② 选择"插入"选项卡中的"字体"功能区→单击"艺术字"下拉列表中"艺术字"效果窗口，如图 3-16 所示；

③ 选择"艺术字"列表中的一种类型；

④ 在文本框中直接输入文本信息并设置字体和字号；

⑤ 单击"确定"按钮即可。

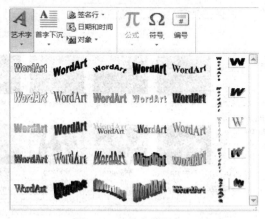

图 3-16　"艺术字"窗口

3.5.6　设置分栏

分栏的具体操作如下：

① 选中需要分栏的文本；

② 单击"页面布局"选项卡→在"页面设置"功能区中单击"分栏"下拉列表中的菜单命令

进行分栏；

③ 如果选择"更多分栏"菜单命令→显示"分栏"对话框，可以在"预设"的 5 种分栏设置中选择一种分栏方式，也可以在"栏数"中输入需要的栏数；如果需要分隔线可以选中"分隔线"复选框；在"宽度和间距"中可以设置栏宽、栏与栏之间的间距，一般情况下取 Word 2010 默认值；

④ 单击"确定"按钮结束设置。

3.5.7　插入剪贴画、图形和图片

1. 插入"剪贴画"

具体操作步骤如下：

① 单击"插入"选项卡→在"插图"功能区中单击"剪贴画"命令按钮；

② 在"剪贴画"对话框中选择一种"剪贴画"即可。

2. 插入图形、图片

图形文件有两种类型：位图文件和矢量文件。位图由许多个像素组成，矢量文件由绘图命令集组成。位图文件放大后容易失真，而矢量文件不易失真。

具体操作步骤如下：

① 在文档中选定要插入图形、图片的位置；

② 单击"插入"选项卡→单击"图片"命令按钮→在计算机中查找图形、图片文件，如图3-17 所示；

③ 双击图形、图片的文件即可插入到文档中。

图 3-17　"剪贴画"对话框

3.5.8　编辑图片

1. 移动图片的方法

➢　单击需要移动的图片，按【Ctrl】+【X】组合键，移动鼠标到新的位置，按【Ctrl】+【V】

组合键完成图片的移动。

➢　使鼠标指向图片的外边框，直接拖曳图片的一边到新的位置即可。

提示： 如果限制图片只能横向移动，可以把插入点定位到图片左下方，使用【空格键】和【退格键】即可完成图片移动。

2．调整图片的大小

具体操作步骤如下：

① 单击要调整的图片，图片四周出现 8 个控点；

② 使用鼠标拖曳图片的 4 个角中的一角，即可成比例地缩放图片。

3．删除图片

具体操作步骤如下：

选定要删除的图片，按【Del】键即可将其删除，或选择快捷菜单中的"删除"命令。

4．裁剪图片

具体操作步骤如下：

① 使用鼠标右键单击要裁剪的图片，选择快捷菜单中的编辑图片命令；

② 单击快捷菜单中的"裁剪"命令，单击任意控点并向裁剪方向拖曳鼠标即可。

3.5.9　设置图形版式

具体操作步骤如下：

① 在页面视图中，右键单击"图片"选择快捷菜单"设置图片格式"命令，显示"设置图片格式"对话框；

② 单击"版式"选项卡→显示"版式"对话框，如图 3-18 所示；

③ 单击"紧密型"→单击"确定"命令按钮。

图 3-18　"版式"对话框

3.5.10 插入文本框

所谓文本框就是把图形或文字用方框框起来。文本框中的内容不受整个版面排版的影响，同时在排版时，可以利用文本框规划文档的版面。

1. 插入文本框

具体操作步骤如下：

① 在页面视图中，确定插入文本框的位置；

② 单击"插入"选项卡→单击文本功能区的"文本框"命令按钮→单击"绘制文本框"命令→拖曳鼠标绘制文本框→在文本框中输入文本内容、图片等；

③ 单击"文本框"的边框以选定该文本框，然后拖曳文本框尺寸控点至所需尺寸。

2. 删除文本框及其内容

在页面视图中，单击要删除的文本框，然后按【Del】键即可删除文本框及其内容。

3.5.11 绘制图形

Word 2010 提供了绘图工具，利用这些工具可以在文档中直接绘制出丰富多彩的图形、流程图、星形、旗帜、标注等自选图形，并且对其进行旋转、翻转、添加颜色、图形组合等，增加整个文档的特殊效果。

1. 绘制图形

具体操作步骤如下：

① 单击"插入"选项卡→单击"插图"功能区中的"形状"命令按钮→选择一种绘图工具；

② 拖曳鼠标或按住【Shift】键拖曳鼠标就可以绘制出所需要的图形，然后再调整大小形状即可；

③ 选定刚绘制的图形→使用"绘图"工具栏上的命令按钮→实现"填充颜色"、"添加阴影或三维效果"等功能，如图 3-19 所示。

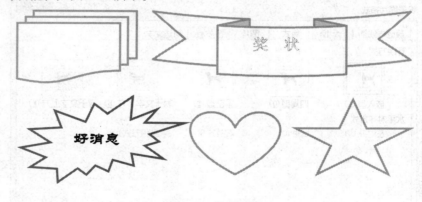

图 3-19 绘制图形

2. 在绘制的图形中添加文字

具体操作步骤如下：

① 用鼠标右键单击绘制的图形→选择快捷菜单中的"添加文字"命令；

② 键入要添加的文字。

提示：在图形中添加的文字就成为该图形的一部分，如果移动该图形，文字也跟着一起移动。

3.5.12　插入 Smart Art 图形

用户借助 Word 2010 提供的 SmartArt 功能，可以在 Word 2010 文档中插入丰富多彩、表现力丰富的 Smart Art 图形。

具体操作步骤如下：

① 打开 Word 2010 文档窗口→单击"插入"选项卡→单击"插图"功能区中的"Smart Art"命令按钮→显示"选择 Smart Art 图形"对话框，如图 3-20 所示；

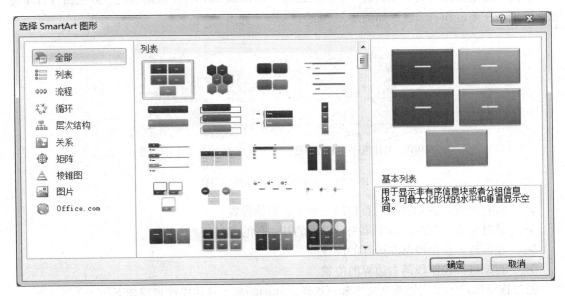

图 3-20　"选择 Smart Art 图形"对话框

② 单击左侧的类别名称选择合适的类别，然后在对话框右侧单击选择需要的 Smart Art 图形，并单击"确定"按钮；

③ 使用鼠标单击 Smart Art 图形→选择快捷菜单中的板式，如标准、两边悬挂、左悬挂、右悬挂、自动板式，调整图形后输入文字即可，如图 3-21 所示。

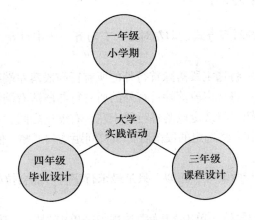

图 3-21　大学实践经历

3.6 文档排版与打印

3.6.1 设置左右边界

段落缩进是指改变文本和页边距之间的距离。在 Word 2010 中，段落缩进一般包括首行缩进、悬挂缩进、左缩进和右缩进，如图 3-22 所示。

图 3-22 水平标尺上的缩进钮名称

➢ 首行缩进：控制段落的首行第一个字的起始位置。
➢ 悬挂缩进：控制段落中第一行以外的其他行的起始位置。
➢ 左缩进：控制段落左边界的位置。
➢ 右缩进：控制段落右边界的位置。

通过拖曳标尺的缩进钮改变文本和页边距之间的距离，具体操作步骤如下：

① 选定要设置缩进的段落或把光标移到需要设置缩进的段落中；

② 用鼠标分别拖曳各"缩进"钮到指定的位置，然后松开鼠标左键即可。

提示：使用标尺只能粗略地缩进操作，要想精确地设置缩进可以按住【Alt】键，再拖曳"缩进"钮即可精确地调整左、右边界。

3.6.2 设置对齐方式

Word 2010 提供了 5 种对齐方式，即左对齐、右对齐、居中对齐、两端对齐和分散对齐。默认的对齐方式是左对齐。

➢ 左对齐命令按钮：将选定段落除首行外的所有行与段落左端缩进对齐。
➢ 右对齐命令按钮：将选定段落除首行外的所有行与段落右端缩进对齐。
➢ 居中对齐命令按钮：将选定段落各行置于左、右缩进之间。
➢ 两端对齐命令按钮：将选定的段落各行字符间距均匀调整，使文字均匀填满左、右缩进标记之间的区域。
➢ 分散对齐按钮：与两端对齐相似，只是最末行字符可能会拉的距离比较大。

具体操作方法如下：

将光标移到需要对齐的段落→单击"开始"选项卡→单击"段落"功能区中的"左对齐" ▤、"两端对齐" ▦、居中对齐 ▤ 和"右对齐" ▤ 按钮即可完成设置。

3.6.3　设置段落间距和行距

所谓段落间距是指段落与它相邻的段落之间的距离，而行距是指段落中行与行之间的距离。

设置段落间距和行距的步骤如下：

① 将光标移到需要设置段落间距和行距的段落；

② 在设置段落间距和行距的段落中单击右键→选择快捷菜单中的"段落"菜单命令→打开"段落"对话框；

③ 在"段落"对话框中设置段落前、段落后的间距。例如，在段落前框中输入或选择"6"，在段落后框中输入或选择"6"；在"行距"列表框中选择所需的行距，如图 3-23 所示。单击"确定"按钮结束设置。

图 3-23　设置"段落"对话框

设置行距参数的说明。

➢ "单倍行距"：每行的高度可以容纳该行的最大字体，再加上一点空余距离。

➢ "1.5 倍行距"：把行间距设置为单行间距的 1.5 倍。

➢ "2 倍行距"：把行距设置为单行间距的 2 倍。

➢ "最小值"：行距为能容纳本行中最大字体或图形的最小行距。如果在"设置值"框内输入一个值，则行距不会小于这个值。

➢ "固定值"：行与行之间的间隔精确地等于在"设置值"文本框中设置的距离。

➢ "多倍行距"：允许行距以任何百分比增减。

3.6.4　设置页面边框

在编辑完成的文档中，可以在编辑的文档上添加花边，使文档更加美观。Word 2010 提供了多种花边的样式，用户可以根据需要进行选择。

具体操作步骤如下：

① 选择需要设置"边框和底纹"的段落；

② 单击"页面布局"选项卡→单击"页面背景"功能区中的"页面边框"命令按钮→打开"边框和底纹"对话框；

③ 在"边框和底纹"对话框中→单击"页面边框"选项卡→选择"线条"、"颜色"、"宽度"、"艺术型"和"应用范围"项→单击"选项"按钮→选择"度量依据"即可完成花边的设置，如图 3-24 所示。

提示：当选择"艺术型"时，需要调整"宽度"的值，一般"宽度"的值设置小一些效果比较好。

3.6.5　创建目录

创建目录的具体操作步骤如下：

① 单击"引用"选项卡→单击"目录"功能区中的"目录"命令按钮→选择快捷菜单中的"自动目录 1"即可在文档的开始处自动生成目录；

图 3-24 "边框和底纹"对话框

② 如果要删除目录，先选中然后按【Del】键即可。

3.6.6 设置页眉、页脚和页码

页眉与页脚是打印在一页顶部或底部的一些信息。页眉和页脚的内容通常包含章节标题、文件标题、日期或作者姓名及页码。恰当设置页眉可以使文档更加美观大方。

1. 插入页眉、页脚

具体操作步骤如下：

① 单击"插入"选项卡→单击"页眉页脚"功能区中的"页眉"命令按钮→显示"页眉"的类型→选择一种页眉的类型→在虚线框内的页眉区中输入页眉的内容，例如输入"大学计算机基础"；

② 单击"页眉页脚"功能区中的"页脚"命令按钮→显示"页脚"类型的下拉列表→选择一种页脚的类型→在虚线框内的页脚区域中输入页脚的内容即可；

③ 单击"设计"选项卡中的"关闭"功能区中的"关闭"按钮结束设置。

2. 插入页码

具体操作步骤如下：

① 单击"插入"选项卡→单击"页眉页脚"功能区中的"页码"命令按钮→选择"设置页码格式"命令→打开"页码格式"对话框；

② 在"页码格式"对话框中→选择"包含章节号"复选框和选择"起始页码"单选按钮；

③ 单击"确定"按钮。

3.6.7 设置分页与分节

在输入和排版文本时，Word 2010 自动将文档分页。当满一页时，自动增加一个分页符，并且开始新的页面。有时，会在段落中添加一个分页符强制换页。为了便于对文档进行格式化，可以将文档分割成若干个节，用户可以对每个节进行格式化。节与节之间的分界线是一条双虚线。

1. 强制换页

具体操作步骤如下：

① 将光标移动到要调整的段落中，或者选定要调整的多个段落；

② 单击"插入"选项卡→单击"页"功能区中的"分页"命令按钮即可在当前光标处插入一个"分页"符→强制换到下一页。

2．插入分节符

具体操作步骤如下：

① 将光标移到需要插入分节符的位置；

② 单击"页面布局"选项卡→单击"页面设置"功能区中的"分隔符"命令按钮→在下拉列表中选择"连续"命令即可。

3.6.8　打印预览

在页面设置完后，可以预览打印效果。在打印预览文档过程中，用户可以进行常规的编辑，还可以对页边距、格式、分栏等做最后的修改。

具体操作步骤如下：

① 打开文档窗口；

② 单击"文件"菜单中的"打印"命令，在打印窗口的右侧显示了文档的打印效果；

③ 拖曳滚动条中的滚动块可以调整预览页面的多少。

3.6.9　打印文档

具体操作步骤如下：

① 单击"文件"菜单中的"打印"命令→显示"打印"对话框，如图 3-25 所示；

② 在"打印"窗口的设置包括打印页、打印份数、横向用纸、纵向用纸等。

其中，打印份数是指打印整个文档的份数，一般选中"逐份打印"复选框即可。

图 3-25　"打印"对话框

3.7　创建与编辑表格

Word 2010 提供了强大的制表功能，用户可以使用 Word 2010 提供的自动创建表格和手动绘制表格功能制作出精美、复杂的表格。

3.7.1　创建表格

Word 2010 提供了两种制作表格的方法即自动创建表格和手动绘制表格。自动创建表格的特点是只需要用户输入表格的行数和列数，计算机就会按用户的要求自动建立一张二维表格。绘制表格的特点是使用鼠标自由绘制，用户可以随心所欲地绘制出各种复杂的表格。

1．创建表格

具体操作步骤如下：

① 将插入点移到建立或插入表格的位置；

② 单击"插入"选项卡→单击"表格"功能区中的"表格命令按钮"→选择"插入表格"→打开"插入表格"对话框，如图 3-26 所示；

③ 输入或选择"表格尺寸"、"自动调整"操作的内容等。例如，在对话框的"列数"框和"行数"框中分别输入或选择表格的列数和行数；

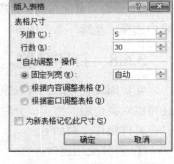

图 3-26　"插入表格"对话框

④ 单击"确定"按钮即可创建一个空白表格。

2．添加斜线表头

具体操作步骤如下：

① 将插入点置于添加斜线的单元格中，并调整单元格的尺寸；

② 单击"表格工具"中的"设计"选项卡→单击"表格样式"功能区中的"边框"命令按钮；

③ 直接添加表头的内容即可。

3．绘制表格

具体操作步骤如下：

① 确定绘制表格的位置；

② 单击"插入"选项卡中的"表格"命令按钮→选择"绘制表格"命令→此时鼠标指针在编辑区将变成笔形光标→使用鼠标绘制表格；

③ 单击"表格样式"功能区中的"边框"命令按钮，添加表格斜线。

提示："表格和边框"工具栏提供了绘制表格的笔、橡皮擦、线型等常用的制表工具，用户可以随心所欲制作、编辑表格。

4．删除表格

具体操作如下：

选中"表格"→单击鼠标右键选择快捷菜单中的"删除表格"即可。

3.7.2　添加表格内容

添加表格内容的操作步骤如下：

① 将鼠标移动到表格的第一个单元格中；

② 输入表格内容，按【Tab】键，进入到下一个单元格，依此类推直到输入结束为止。

3.7.3　编辑表格

编辑表格包括表格的编辑和表格内容的编辑。表格的编辑包括行列的插入、删除、合并、拆分、高度、宽度的调整等；表格内容的编辑包括文本的插入、删除、更改、复制、移动等操作。

在编辑表格时，首先要确定单元格的位置，然后才能进行表格的编辑工作。

1. 单元格、行、列或整个表格的选定方法

➢ 选择一个单元格或多个单元格：可单击该单元格的左下角选定一个单元格，按住鼠标左键拖曳可以选定多个单元格。

➢ 表格中一行或多行：可以把鼠标移至该行的左侧，待鼠标指针变成一个向右箭头后单击选定一行，按住鼠标左键向上或向下拖曳即可选定多行。

➢ 选择表格中一列或多列：将鼠标移到该列的顶部，待鼠标指针变成一个向下箭头单击即可选定一列，按住鼠标向左或向右拖曳，可以选定多列。

➢ 选择矩形表区域：在矩形表区域的第一个单元格向右下角拖曳即可。

➢ 选定整个表：当鼠标指向表格内，在表格的左上角会出现一个位置句柄 ⊞，即为"全选"按钮，单击它可以选定整个表格。

2. 编辑表格

编辑表格中的文本主要是完成文本的录入、复制、移动、删除等操作。

文本的复制或移动操作步骤如下：

① 选定文本、文本行、文本列、整个表；

② 按【Ctrl】+【C】键→复制文本到剪贴板或按【Ctrl】+【X】键→将文本剪切到剪贴板；

③ 将鼠标移动到新的位置→按【Ctrl】+【V】键→将剪贴板的内容粘贴到新的位置。

删除表格内容操作步骤如下：

① 选定文本、文本行、文本列、整个表；

② 按【Del】键，删除选定的内容。

3. 行、列的插入

具体操作步骤如下：

① 在需要插入新行或新列的位置，选定一行（一列）或多行（多列）；

② 在选定表格上单击右键，选择快捷菜单中的"插入"命令即可在指定位置插入一行或一列。

4. 单元格、行、列或整个表的删除方法

具体操作步骤如下：

① 选定要删除的行、列或单元格；

② 在选定表格上单击右键→选择快捷菜单中的"删除表格"命令即可；

③ 在选定表格上单击右键→选择快捷菜单中的"删除行"或"删除列"命令即可。

5. 合并单元格

合并单元格是指将所选定的若干个单元格合并为一个大的单元格。

具体操作步骤如下：

① 选定要合并的多个单元格；

② 单击右键选择快捷菜单中的"合并单元格"命令即可。

6. 拆分单元格

拆分单元格是指把一个或多个单元格按要求进行拆分。拆分单元格既可以把一个单元格分成多个单元格，也可以把多个单元格拆分成一个或几个。

具体操作步骤如下：

① 选定要拆分的一个或多个单元格；

② 在选定的单元格上单击右键→选择快捷菜单中的"合并单元格"命令；

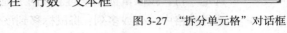

图 3-27 "拆分单元格"对话框

③ 选定已经合并的单元格→在其上单击鼠标右键→选择快捷菜单中的"拆分单元格"命令→屏幕显示如图 3-27 所示拆分单元格的对话框；

④ 在"列数"文本框中输入要拆分的列数；在"行数"文本框中输入要拆分的行数；

⑤ 单击"确定"按钮即可。

7. 表格高度、宽度的调整

通常情况下，系统会根据表格字体的大小自动调整表格的行高或列宽。当然，用户也可以手动调整表格的行高或列宽。

使用鼠标改变行高或列宽的具体操作步骤如下：

在页面视图中，使用鼠标拖曳表格的行边框线或列边框线，按住鼠标左键向调整高度或宽度的方向拖曳，直到拖曳到需要的位置即可。

操作技巧：使用鼠标调整表格的行高或列宽时，最好按住【Alt】键拖曳鼠标来调整表格的行高或列宽，可以实现精确地调整表格的行高或列宽。

8. 调整表格位置和大小

（1）调整表格位置

在 Word 2010 中，移动表格比较容易，只要单击左上角的"位置句柄"，如图 3-28 所示，然后用鼠标拖曳该表格的"位置句柄"到一个新的位置即可。

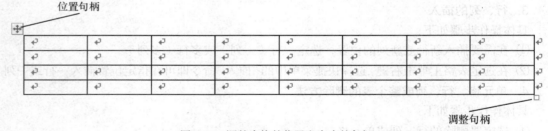

图 3-28 调整表格的位置和大小的句柄

（2）调整表格的大小

在表格中单击，表格的右下角就会出现一个"调整句柄"，用鼠标拖曳表格的"调整句柄"即按比例缩放表格。

9. 拆分表格

将一个表格拆分成上、下独立的两个表格：将插入点移到要拆分的位置即表格分割的任意单元格内，然后单击"表格工具"中的布局选项卡中的"拆分表格"命令按钮即可。

3.7.4 表格的美化与排版

Word 2010 提供了丰富的表格样式，套用现成的表格样式可以快速完成修饰表格的目的。

1. 设置文本的格式

具体操作步骤如下：

① 选择需要设置文本格式的行、列或整个表格；

② 单击"开始"选项卡→选择"字体"功能区中的"字体"、"字号"、"粗体"、"斜体"、"下划线"等工具对文档进行格式化。

2. 设置文本的对齐方式

具体操作步骤如下：

① 选中表格字中的文本行、列或整个表格；

② 单击"开始"选项卡→选择"段落"功能区中的"左对齐"、"右对齐"、"居中对齐"、"两端对齐"、"分散对齐"等即可。

3. 改变表格中文字的方向

Word 2010 默认的文字方向为水平方向，根据需要也可以改变文字的显示方向。

具体操作步骤如下：

① 选定表格字中的文本；

② 单击"页面布局"选项卡→单击"文字方向"命令按钮→选择"文字方向选项"命令→显示"文字方向"对话框，如图 3-29 所示；

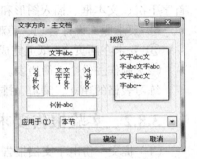

图 3-29　"文字方向"对话框

③ 在"方向"框中单击所需的文字方向，在"应用于"下拉列表中选择"文本"；

④ 单击"确定"按钮。

4. 利用表格工具修饰表格

利用 Word 2010 制作的新表格，系统默认的边框线粗为 1/2 磅。根据用户需要可以改变边框线的宽度，用户还可以为表格添加不同线型的边框。为了使表格更加醒目，还可以给表格加上底纹。

添加表格框和底纹的具体操作步骤如下：

① 创建表格；

② 利用"表格样式"功能区的样式修饰表格，如图 3-30 所示；

③ 单击"表格样式"功能区中的"边框"下拉按钮，添加表格线；

④ 单击"表格样式"功能区中的"底纹"下拉按钮，美化表格；

提示： 默认情况下，边框的颜色为黑色，用户可以根据需要改变边框的颜色。

图 3-30　表格工具

3.8　实　验　目　的

➤ 掌握录入文档的方法。

➢ 掌握编辑文档的方法。

➢ 掌握建立和编辑表格及图表的方法。

➢ 掌握文档排版与打印的方法。

3.8.1 实验内容和要求

按照下列题目的要求完成各题，并将题目和结果保存到一个 Word 文档中。

（1）通过设计，制作一份周刊或出版物，掌握文档的编辑、排版等功能及排版的技巧。

① 上机练习 Word 2010 提供的编辑与排版技术，并使用 Word 2010 中的字体、段落、样式、首字下沉、文本框、插入图形和表格、艺术字、打印预览等技术，完成实验内容。

② 要求版面设计合理、美观，选择比较前沿的科学技术或其他方面的最新技术为内容。

③ 要求在两页 A4 纸上完成，采用不同的版面布局。A4 纸的版面面积为 623.7 平方厘米。

（2）制作一份个人简历表。

练习表格的建立、编辑、排版、美化等操作。

3.8.2 实验报告要求

（1）提交一份电子文档报告，其文件名为：两位小班班号+两位小班学号+姓名+实验#。

（2）电子文档内容要求；

    ① 上机题目和文档作品；

    ② 实验总结：收获和体会。

（3）在规定时间内将实验报告和文档作品的压缩包上传到指定的服务器上。

第4章

Excel 2010 电子表格

本章学习重点

➢ 掌握 Excel 2010 基本操作。

➢ 掌握 Excel 2010 编辑工作表、图表。

➢ 掌握 Excel 2010 美化工作表。

➢ 掌握 Excel 2010 数据管理与统计。

➢ 掌握 Excel 2010 预览与打印。

4.1 认识 Excel 2010

Excel 2010 是微软公司 Microsoft Office 2010 系列办公软件之一。它是基于 Windows 操作系统环境的、专门用于数据计算、统计分析和报表处理的软件。利用它可以制作各种复杂的电子表格，完成烦琐的数据计算，将枯燥的数据转换为彩色的图形形象地显示出来，大大增强了数据的可视性，并且可以将各种统计报告和统计图打印出来，掌握了 Excel 可以大大地提高工作效率。

4.1.1 Excel 2010 功能与特点

4.1.2 Excel 2010 窗口元素及相关概念

Excel 2010 编辑窗口由标题栏、快速访问工具栏、文件菜单、选项卡、功能区、编辑栏、编辑工作表区、滚动条、窗口控制按钮、状态栏等组成，如图 4-1 所示。

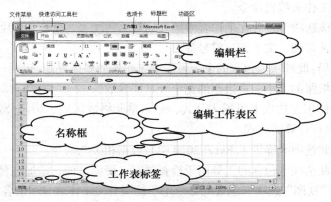

图 4-1　Excel 2010 编辑窗口

Excel 2010
功能特点
- （1）几乎可以从任何位置访问和共享文档。允许用户将电子表格发布到Web，在Web浏览器中查看和编辑用户的工作簿。
- （2）与他人协同工作。Excel 2010 提供了在Web浏览器中与其他人在同一个工作簿上同时工作的平台。
- （3）更轻松更快地完成工作。Excel 2010 简化了访问功能的方式。
- （4）强大的制表功能。用户在 Excel 2010 的工作表中输入完数据，并对用户所输入的数据进行复杂的计算。
- （5）加强了数据统计分析功能。提供了单元格的迷你图、切片器等，可帮助用户做出更明智的决策并提高用户分析数据集的能力。
- （6）从桌面获取更强大的分析功能。使用新增的搜索筛选器可以快速缩小表、数据透视表和数据透视图中可用筛选选项的范围。
- （7）为数据演示添加更多高级细节。使用 Excel 2010 中的条件格式功能，可对样式和图标进行更多控制，改善了数据条并可通过几次单击突出显示特定项目。
- （8）利用交互性更强和更动态的数据透视图。从数据透视图快速获得更多认识。
- （9）节省时间、简化工作并提高工作效率。能够按照自己期望的方式工作，更加轻松地创建和管理工作簿。
- （10）强大的图表处理功能。从众多的附加 Smart Art&reg 图形中进行选择，即可构建精彩的图表。

Excel 2010 编辑窗口的主要元素包括以下几个。

1．快速访问工具栏

Excel 2010 文档窗口中的"快速访问工具栏"用于放置命令按钮，使用户快速启动经常使用的命令，如新建文档命令、保存命令、打开命令、打印命令等。默认情况下，"快速访问工具栏"中只有数量较少的命令，用户可以根据需要添加多个常用的命令。

2．功能区的选项卡

功能区中的各选项卡提供了各种不同的命令，并将相关命令进行了分组。以下是对各 Excel 选项卡的概述。

> 开始：此选项卡包含剪贴板命令、格式命令、样式命令、插入和删除行或列的命令，以及各种工作表编辑命令。

> 插入：该选项卡包含在工作表中插入的数据透视表、表格、图片、剪贴画、各种类型的图表、迷你图、文本框、符号等。

> 页面布局：此选项卡包含的命令可影响工作表的整体外观，包括一些与打印有关的设置，如页面纸张的大小、页边距的宽窄等页面参数。

> 公式：使用此选项卡可插入公式、命名单元格或区域、访问公式审核工具，以及控制 Excel 执行计算的方式。

> 数据：此选项卡提供了 Excel 2010 中与数据相关的命令。

> 审阅：此选项卡包含的工具用于检查拼写、翻译单词、添加注释，以及保护工作表。

> 视图："视图"选项卡包含的命令用于控制有关工作表显示的各个方面，此选项卡上的一些命令也可以在状态栏中获取。

3．功能区

在 Excel 2010 窗口上方看起来像菜单的名称其实是功能区的名称，即选项卡，每个选项卡对应一个功能区，例如有"开始"功能区、"插入"功能区、"页面布局"功能区、"公式"功能区、"数据"功能区、"审阅"功能区和"视图"功能区，每个功能区根据功能的不同又分为若干个组命令。

4．编辑栏

位于功能区的下方，用来显示当前输入与编辑单元格的内容、公式或函数。编辑栏中的"×"按钮表示取消输入，"√"按钮表示确认，fx 为输入函数按钮。

5．名称框

位于编辑栏的左边，用于显示当前单元格或单元格区域的名称或快速确定当前单元格或单元格区域的位置。

6．表格编辑区

用来建立、显示和编辑表格的区域。

7．列标与行标

"列标"通常用英文字母依次由左至右排列，共有 16000 列，用 A～XFD 表示；行标通常用阿拉伯数字自上向下排列，从 1 至 100 万行，用阿拉伯数字表示。如果单击某一行标如"3"，则可以选中此行中的全部单元格。

8．工作表标签

每个工作簿中有 3 个默认工作表，其名称为 Sheet1、Sheet2、Sheet3。单击工作表标签可激活相应工作表。

9．单元格

单元格是组成工作表的最小单位。正在编辑的单元格称为活动单元格。每张工作表由 100 万行和 16000 列单元格组成。

10．工作表

工作簿中的每一张表格称为工作表，也叫做电子表格。工作表是 Excel 完成工作的基本单位。每张工作表是由列和行所构成的"存储单元"。这些"存储单元"被称为"单元格"。输入的所有数据都是保存在"单元格"中的，这些数据可以是数字、字符串、一组数字、公式、图形、照片等。

11．工作簿

工作簿通常指电子表格文件，即 Microsoft Office Excel 产生的文件。在"计算机"中看到的 Excel 工作簿文件都有一个 Excel 图标，其拓展名通常为".xls"或".xlsx"。

每次启动 Excel 后，Excel 2010 默认会新建一个名称为"工作簿 1"的空白工作簿，在 Excel 程序界面标题栏中可以看到工作簿名称。

4.1.3　Excel 2010 提供的操作

Excel 2010 提供的操作有基本操作、编辑工作表、编辑图表、美化工作表、数据管理与统计、预览与打印，如图 4-2 所示。

4.2　配置一个轻松的编辑环境

在 Excel 2010 编辑窗口中，通过修改系统默认设置，可以创建一个轻松的 Excel 2010 编辑环境。具体包括设置自动保存文档的时间间隔、默认保存文档的位置、自动恢复文件的位置、快速访问工具栏、隐藏功能区等。设置好编辑环境可以大大提高工作效率。

图 4-2 Excel 2010 提供的操作

4.2.1 Excel 2010 窗口设置

1. 添加快速工具栏中的命令按钮

具体操作步骤如下：

增加快速工具栏中的命令按钮，可以单击该工具栏右侧的下拉按钮，在下拉列表中选择命令项即可，如图 4-3 所示。

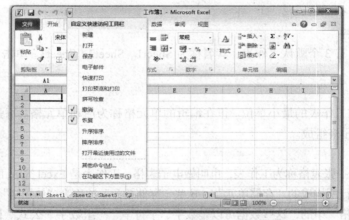

图 4-3 增加"快速访问工具栏"中的命令按钮

2. 更改"快速访问工具栏"的显示位置

具体操作：

在"快速访问工具栏"命令按钮上单击鼠标右键，选择快捷菜单中的"在功能区下方显示快速访问工具栏"菜单命令即可。

3. 隐藏与显示功能区

具体操作：

在"选项卡"项上单击鼠标右键，然后选择快捷菜单中的"功能区最小化"命令即可。

4. 隐藏与显示选项卡

具体操作步骤如下：

① 在任意选项卡单击鼠标右键→选择"快捷菜单"中的"自定义功能区"命令→显示"从下列位置选择命令"列表框和"自定义功能区"列表框；

② 在"自定义功能区"列表框的下方单击"新建选项卡"→输入新建选项卡名→单击"新建组"按钮，输入新建组名，例如新建选项卡为"常用命令"，新建组名为"编辑命令"，添加结果

如图 4-4 所示；

③ 单击"新建组"按钮→在左边窗格选择命令并单击"添加"按钮，重复该步骤可以添加多个编辑命令；

④ 单击"确定"按钮。

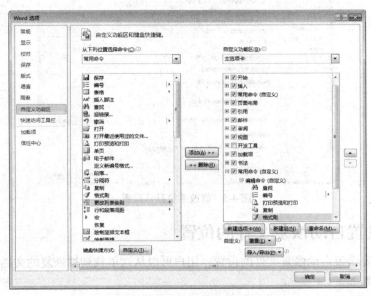

图 4-4 添加选项卡和新建组

4.2.2 设置自动保存文档的位置

当用户保存文档时，如果不选择保存文档的位置，系统自动将文档保存到系统的默认位置，根据用户需要可以随时设置系统默认保存文档的位置。保存文档的位置可以是桌面、磁盘、文件夹、库中等。

设置默认保存文档的位置具体操作步骤如下：

① 单击"文件"菜单中的"选项"命令→单击"保存"选项卡，打开"选项"对话框，如图 4-5 所示；

② 在"选项"对话框中，将文件的保存格式设置为"*.xlsx"；

③ 单击"默认文件位置"后的"浏览"按钮，选择一个保存文档的文件夹；

④ 单击"确定"按钮即可。

提示： 设置好默认文件夹后，编辑工作表时就不用在每次保存表格时考虑选择保存工作表的位置问题，系统将会按照"默认文件位置"保存 Excel 表格。

4.2.3 设置自动保存文档的时间间隔

Excel 2010 提供了自动保存文档的时间间隔，该项设置避免因停电、死机等意外而造成的文档丢失。

具体操作步骤如下：

① 单击"文件"菜单中的"选项"命令→单击"保存"选项卡，打开"选项"对话框，如图 4-5 所示；

② 在对话框中将"保存自动恢复信息时间间隔"设置为：5 分钟。

图 4-5　修改系统默认设置

4.2.4　设置自动恢复文件的位置

根据用户需要设置自动恢复文件的位置，用户可以从这里找到被恢复的文档文件。

具体操作步骤如下：

① 单击"文件"菜单中的"选项"命令→单击"保存"选项卡，打开"选项"对话框；

② 单击"自动恢复文件位置"文本框旁边的"浏览"按钮，设置自动恢复文件的具体位置，可以是磁盘、文件夹等，如图 4-5 所示。

4.3　制作工作表实例

使用 Excel 2010 制作表格过程包括启动 Excel 2010、输入表格内容、对表格内容进行格式化、加密工作簿、保存工作簿文件等操作。创建工作表过程包括启动 Excel 2010、编辑工作表、美化工作表、预览、打印输出等操作。工作簿文件的类型可以是.xlsx、.xls、.xlt、.xml 和.html 等。

4.3.1　创建工作簿

创建工作簿文件的具体操作步骤如下：

在桌面上双击"Microsoft Excel 2010"图标，打开 Excel 2010 窗口，自动建立一个新的空白的工作簿，其临时文件名为"工作簿 1"。用户根据需要可创建多个工作簿文件。

4.3.2　输入工作表的信息

输入工作表的数据，例如输入学生成绩单，如图 4-6 所示。

4.3.3　添加表格边线

具体操作方法如下：

图 4-6　学生成绩单

① 选中整个表格区域→在该选择区域单击鼠标右键→选择快捷菜单中的"设置单元格格式"命令；

② 单击"边框"选项卡→选择内表格线和外表格线，如图 4-7 所示；

③ 单击"对齐"选项卡→选择对齐方式，本例选择"居中"对齐表中的数据；

④ 单击"确定"按钮。

4.3.4　美化表格

具体操作步骤如下：

① 选择整个表格美化表格→对表格中的数据进行格式化；

② 单击"开始"选项卡→选择"字体"功能区中的"字体"、"字号"、"粗体"、"字符底纹"等对表格内容进行格式化；

③ 设置对齐方式，例如设置居中对齐；

④ 单击"确定"按钮。

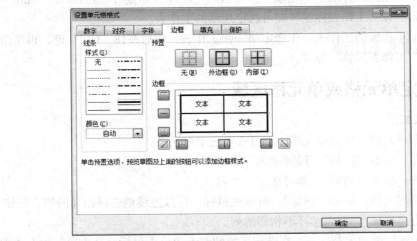

图 4-7　添加表格线对话框

4.3.5 加密、保存工作簿

具体操作步骤如下：

① 选择"文件"菜单中的"保存"命令→打开"另存为"对话框；

② 在"另存为"对话框中选择保存工作表的位置，在文件名框中输入文件名；

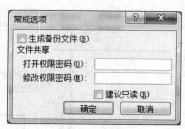

图4-8 "常规选项"对话框

③ 单击"保存"按钮左侧的"工具"按钮→打开"常规选项"对话框；

④ 设置"打开权限密码"，例如2012-cjcj，如图4-8所示；

⑤ 设置"修改权限密码"为2012-cjcj；

⑥ 单击"确定"按钮。

提示：第一次保存工作簿时，选择"保存"或"另存为"操作时都可以打开"保存"窗口，对于保存过的文档，选择"保存"时就不会出现"保存"对话框，只有选择"另存为"才会出现对话框。

4.4 编辑工作表

4.4.1 更改工作表的名称

在 Excel 2010 编辑窗口中，用鼠标右键单击"工作表标签"，选择快捷菜单中的"重命名"命令，直接输入新的工作表名称即可。例如输入"2010级成绩单"，按回车键即可。

4.4.2 选择工作表

在 Excel 2010 编辑窗口中，可以对多个工作表进行操作。操作前首先要选定工作表，具体操作如下。

➢ 选定单个工作表。单击"表格标签"即可，例如单击"Sheet1"。

➢ 选定多个连续的工作表。单击第一张要选的"工作表标签"，然后按住"Shift"键，再单击最后一张"工作表标签"即可选定连续的工作表。

➢ 选定多个不连续的工作表。先选定第一张工作表，然后按住"Ctrl"键，再单击其他工作表的"工作表标签"即可。

4.4.3 选定单元格或单元格区域

具体选定方法如下。

➢ 选择一个单元格：单击单元格，即可选定这个单元格。

➢ 选择整行：单击"行标"，即可选定一整行。

➢ 选择整列：单击"列标"，即可选定一整列。

➢ 选择不相邻的列：单击"列标"，再拖曳鼠标，可以连续地选择相邻的列。按住"Ctrl"键，单击"列标"，可以选择不相邻的列。

➢ 选择一个连续的单元格区域：在选定区域的左上角单击鼠标并拖曳鼠标到右下角，即可选定一个连续单元格区域。如从 C1 格拖曳到 E5 格，就选定了 C1:E5 区域。也可以先单击 C1 格，再按住 "Shift" 键，并单击 E5 格，也可选定 C1:E5 区域。

➢ 选择不连续的单元格区域：单击一个单元格，再按住 "Ctrl" 键，并用鼠标单击或用鼠标拖曳选择其他的单元格或单元格区域。

4.4.4　输入数据和文本

1．自动填充文本序列

Excel 2010 为方便用户，提供了自动填充数据和文本的功能，帮助用户避免重复的操作。自动填充是根据初始值决定以后的填充项，选中初始值所在的单元格，将鼠标指针移到该单元格的右下角，指针变成小十字形，称为填充柄，输入时按下鼠标左键拖曳到最后一个单元格，即可完成自动填充工作。

例如，系统提供了 "星期一" 到 "星期日" 序列，在建立课表时，利用自动填充功能可以快速输入时间。

例如，系统提供了 "1 月份" 到 "12 月份" 序列，在建立年度考核表时，利用自动填充功能可以快速完成 "1 月份" 到 "12 月份" 的输入工作。

2．自动填充等差序列

具体操作步骤如下：

① 确定输入数据的单元格，输入数据序列的第一个数据，例如输入 5，按回车键，然后输入第二个数据，例如输入 10；

② 选定数据 5 和 10 的单元格，然后拖曳 "填充柄" 即可完成该序列的填充。

图 4-9　设置填充序列对话框

提示：单击 "开始" 选项卡中的 "编辑" 功能区中的 "填充" 命令按钮→选择 "系列" 菜单命令，打开 "系列" 对话框，如图 4-9 所示，根据需要进行设置即可。

3．输入特大或特小的数值

输入数值时，默认形式为普通表示法。如 123、12.567 等。当数据的长度超过 11 位时，或者整数部分的位数超过了单元格的宽度，Excel 2010 将自动用科学记数法表示或显示数据。例如，在单元格中输入数值 123456789999，则显示为 "1.23457E+11"。

4．输入分数和负数

为避免将输入的分数视为日期，可以在分数前键入单引号 " ' " 或 "空格"，然后输入分数，例如键入 " ' 5/8"。输入负数时，在负数前键入一个减号 "–" 即可。

5．自动填充相同的信息

自动填充相同的数值数据或文本信息的方法如下。

选定需要输入数据的单元格区域，输入第一个数据或文本信息，然后按【Ctrl】加回车组合键即可完成数据的填充。

6．输入时间和日期

常用的内置日期与时间格式有：mm/dd、dd-mm-yy、yy/mm/dd、hh.mm.ss、hh.mm.ss PM 等。

输入日期和时间的方法如下。

① 选择插入日期和时间的位置。

② 单击"插入"选项卡中的"文本"功能区中的"日期和时间"命令按钮即可。

提示：在选定的单元格内输入"=now()"后回车即可。

7．添加批注

批注是对于单元格内容的进一步说明。

具体操作方法如下：

① 单击选定一个需要添加批注的单元格；

② 单击鼠标右键，选择快捷菜单中的"插入批注"命令→在选定的单元格附近会出现一个编辑框→在"批注"编辑框内直接输入批注内容即可，如图 4-10 所示；

③ 完成批注输入后，在编辑框外面任何位置单击鼠标左键即可结束添加批注。

提示：如果要编辑批注或删除批注，在"批注"单元格上单击右键→选择快捷菜单中的编辑批注或删除批注即可。

图 4-10　添加批注内容

4.4.5　在多个工作表中快速填写相同的数据

在日常生活中，经常制作多张工作表，例如制作 12 班的登记表、成绩单及各个部门出勤表等，都可以采用下面介绍的方法，快速完成多张工作表的相同数据的输入任务。下面以制作 12 班的信息表为例。

具体操作方法如下：

① 打开 Excel 窗口，选中 3 只默认的工作表标签，在其上单击右键选择快捷菜单中的"插入"命令即可添加 3 张工作表，以同样的方法可以快速添加到 12 张工作表；

② 选中刚创建的 12 张工作表标签，在编辑表格窗口，先确定标题的位置，直接输入表标题即可生成 12 张工作表的表标题；直接输入序号；输入班级时，先选中班级区域，直接输入班级按【Ctrl】+回车键即可；

③ 输入姓名时，先选中第一张工作表，输入每个人的姓名即可；

④ 输入入学时间时，就可以采用前介绍的方法完成输入工作。

4.4.6　清除、删除、恢复单元格的内容

具体操作方法如下。

图 4-11　"删除"对话框

> 删除单元格内容：先选中要清除的一个或多个单元格，按【Del】键即可删除。
> 删除表格及内容：先选中要删除的表格，在选中区域单击右键→选择快捷菜单中的"删除"命令，显示"删除"对话框，如图 4-11 所示，根据需要进行选择即可。
> 恢复单元格的内容：单击"撤消"按钮即可。

4.4.7　单元格的拓宽与合并

1. 拓宽行高和列宽

具体操作方法如下：

> 拓宽行高：将光标移动到要拓宽的行号间隔处，待光标的形状变成双箭头时，用鼠标向下或向上拖曳光标即可实现行高的拓宽。
> 拓宽列宽：将光标移动到要拓宽的列与列间隔处，待光标的形状变成双箭头时，用鼠标向左或右拖曳光标即可实现列的拓宽。

2. 合并单元格

具体操作步骤如下：

选定要合并的单元格区域，单击"开始"选项卡→单击"对齐方式"功能区中的"合并并居中"命令按钮"⊞"即可实现单元格的合并；再次单击"合并及居中"按钮"⊞"即可恢复。

4.4.8　选择性粘贴

除了复制整个单元格内容外，还可以有选择地复制单元格中的特定内容。

具体操作方法如下：

① 选定需要复制的单元格或单元格区域，在其上单击鼠标右键选择快捷菜单中的"复制"命令；

② 在目标处单击鼠标右键选择快捷菜单中的"选择性粘贴"命令，屏幕显示"选择性粘贴"对话框，如图 4-12 所示；

③ 根据需要进行选择，然后单击"确定"按钮即可。

图 4-12　"选择性粘贴"对话框

4.4.9 插入行、列、多行或多列

1. 插入行、列的操作

在要插入行的行标上单击鼠标右键，然后选择快捷菜单中的"插入"命令即可完成插入一行的操作。

插入列的操作方法与插入行的操作方法相同，请参照插入行的操作方法。

2. 插入多行或多列

在插入前先要在行标（列标）上选定多行（多列），然后在行标（列标）上单击右键选择快捷菜单中的"插入"命令即可。

4.4.10 复制、移动和删除工作表

1. 删除行、列、多行或多列

删除行、列、多行或多列的方法与插入行的操作方法基本相同，请参照对应的操作方法。

2. 表格的复制与移动

复制表格的方法如下：

① 选定整个工作表区域，按【Ctrl】+【C】复制命令；

② 选择目标工作表的开始位置，然后按【Ctrl】+【V】命令即可实现工作表的复制。

移动表格的方法如下：

① 选定要移动的工作表，按【Ctrl】+【X】命令；

② 选择目标工作表的开始位置，然后按【Ctrl】+【V】命令即可实现工作表的移动。

4.4.11 插入 Word 表格

快速插入 Word 表格方法如下：

① 打开 Word 表格所在的文件，选中 Word 中的表格，按【Ctrl】+【C】组合键复制该表格；

② 打开 Excel 窗口，按【Ctrl】+【V】组合键即可。

4.5 美化工作表

4.5.1 设置文本格式

设置数据格式化方法如下：

① 选定要格式化的单元格区域；

② 单击"开始"选项卡，例如选中"数字"组中的"百分比样式"、"千位分割样式"、"增加小数位"和"减少小数位"按钮即可对数字格式化。

设置字符格式化方法如下：

① 选定要格式化的字符单元格；

② 单击编辑栏中的"字体"、"字号"、"加粗"、"倾斜"、"下划线"和"字体颜色"工具按钮即可对字符进行格式化。

4.5.2　设置对齐方式

具体操作方法如下：

① 选定需要对齐的单元格区域；

② 单击"开始"选项卡中的"对齐方式"组中的"顶端对齐"、"底端对齐"、"垂直居中对齐"、"左对齐"、"右对齐"、"居中对齐"、"两端对齐"和"分散对齐"命令按钮即可。

4.5.3　添加表格边框和底纹

具体操作方法如下：

① 选择要设置表格边框的单元格区域；

② 在选定的单元格区域单击鼠标右键，选择快捷菜单中的"设置单元格格式"命令，显示"设置单元格格式"对话框；

③ 在"单元格格式"对话框中，设置表格的内表格线和外表格线、线条的样式及颜色等；

④ 单击"确定"按钮。

4.5.4　设置条件格式

具体操作方法如下：

① 选定设置条件格式的单元格区域；

② 单击"开始"选项卡中的"样式"组中的"条件格式"命令按钮，显示"大于"对话框；

③ 在"为大于以下的单元格设置格式"框中输入 90，选择或输入条件的内容，单击"设置为"框的下拉列表按钮，选择一个项，其结果如图 4-13 所示；

④ 单击"确定"按钮即可。

图 4-13　按设置条件显示结果

4.5.5　自动套用格式化

具体操作方法如下：

① 选定要格式化的单元格区域；

② 单击"开始"选项卡中的"样式"组中的"套用表格格式"命令按钮，显示如图 4-14 所示的"自动套用格式"下拉列表，单击选择一种套用的格式，单击"确定"按钮即可。

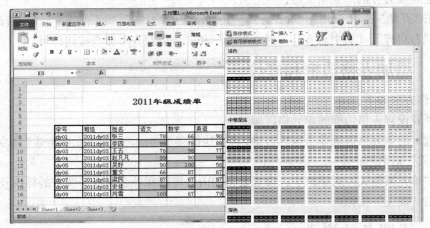

图 4-14　自动套用格式

4.5.6　复制单元格格式

使用"格式刷"可以进行一次或多次单元格格式的复制，避免重复设置，以提高工作效率。具体操作方法如下：

① 选定需要的格式单元格；

② 双击"开始"选项卡中的"字体"组中的"格式刷" 命令按钮，此时光标就变成了一把带有格式的刷子；

③ 带格式的格式刷单击文本或选定文本即可进行格式化，直到再次选中"格式刷"时结束复制。

4.6　公式与函数

Excel 2010 提供了 11 类、数百个内置函数，包括数学和三角函数、统计函数、逻辑函数、日期与时间函数、文本函数、财务函数、查询和引用函数、数据库函数以及用户自定义函数等。通过在单元格内输入公式和函数可以完成复杂的计算功能。

4.6.1　使用公式

在公式里要同时使用多个运算符，首先要了解运算符的优先级。运算符的优先级是先乘幂运算、再乘、除运算，最后为加、减运算。相同级别按从左到右的次序进行运算。

1. 输入公式的方法

➤ 在单元格中输入公式与输入数据差不多，只是要以"="开始。

➤ 公式输入完成后，按回车键结束，或单击其他单元格即可显示计算结果，如图 4-15 所示。

例如：计算学生的平均分，在 I8 单元格内输入公式 "=H8/3"，按回车键结束，如图 4-15 所示。

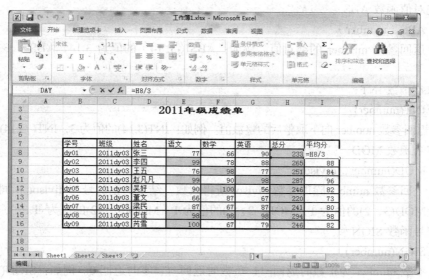

图 4-15　使用公式

2. 复制公式

➤ 近距离，可以将光标放在具有公式的单元格中，等出现 "+" 时，拖曳 "+"，经过的单元格都有了同样的公式。

➤ 远距离，可以利用复制和粘贴命令完成公式的复制。

4.6.2　使用函数

函数可以执行简单和复杂的运算，具体操作如下：

单击要插入函数的单元格 H8→单击 "公式" 选项卡中的 "函数库" 组中的 "自动求和" 命令按钮→然后按回车键即可完成求和的计算，如图 4-16 所示。

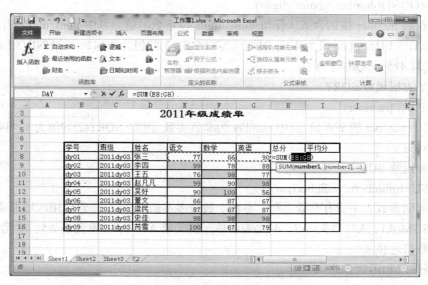

图 4-16　使用函数

1. 数学函数

（1）绝对值函数 ABS

格式：ABS（number）

功能：返回参数 number 的绝对值。例如：ABS（3.14）的值为 3.14，ABS（-3.14）的值为 3.14。

（2）取整函数 INT

格式：INT(number)

功能：返回参数 number 向下取整后的整数值。例如：INT(3.14)的值为 3，INT(-3.14)的值为-4。

（3）取余函数 MOD

格式：MOD(number, divisor)

功能：返回参数 number 除以参数 divisor 所得余数，结果的正负号与 divisor 相同。

例如：MOD(3, 2)的值为 1，MOD(-3, 2)的值为 1，MOD(3, -2)的值为-1。

（4）符号函数 SIGN

格式：SIGN(number)

功能：参数 number 为正数时返回-1，负数时返回-1，零时返回 0。例如：SIGN(3.14)的值为 1，SIGN(-3.14)的值为-1，SIGN(2-2)的值为 0。

（5）圆周率函数 PI

格式：PI()

功能：返回圆周率 π 的值。该函数为无参函数，但一对括号不能省略。例如：pi()的值为 3.1415926。计算半径为 3 的圆周长为:2*pi()*3。

（6）随机数函数 RAND

格式：RAND()

功能：返回一个[0 1]之间的随机数。该函数为无参函数，但一对括号不能省略。例如：40+INT(RAND()*61)可以返回一个 40~100 之间的随机整数。

（7）四舍五入函数 ROUND

格式：ROUND(number, Num_digits)

功能：返回 number 按四舍五入保留 num_digits 位小数的值。其中 num_digits 为任意整数。例如：ROUND(3.1415, 1)的值为 3.1，ROUND(3.1415, 3)的值为 3.142，ROUND(3.1415, 0)的值 3，ROUND(31.415, -1)的值为 30。

（8）求平方根函数 SQRT

格式：SQRT{number)

功能：返回 number 的平方根。其中 number 为非负实数。例如:SQRT(2)的值为 1.414，SQRT(-2) 的值为#NAME?

（9）求和函数 SUM

格式：SUM(numberl, numberl, …)

功能：返回参数表中所有参数之和，参数个数最多不超过 30 个，常使用区域形式。

例如：SUM(A1：A3，A5，A7：A10)表示单元格区域 A1：A3、单元格 A5、单元格区域 A7：A10 中所有数值之和。

（10）条件求和函数 SUMIF

格式：SUMIF(range, criteria, sum_range)

功能：返回区域 range 内满足条件 criteria 的单元格所顺序对应的区域 sum_range 内单元格中数值之和，如果参数 sum_range 省略，求和区域为 range。值得注意的是条件 criteria 是以数字、表达式、字符串形式给出，而不能使用函数。

2．文本函数

（1）代码转换字符函数 CHAR

格式：CHAR(number)

功能：返回对应代码参数 number 的字符。其中 number 为 1～255 之间的任意整数。

例如：CHAR(65)等于"A"，CHAR(97)等于"a"

（2）字符串长度函数 LEN

格式：LEN(text)

功能：返回字符串 text 中的字符个数，其中一个空格长度为 1。

例如：LEN("北京 XXX 学院")的值为 7，LEN("good bye")的值为 8。

（3）截取子串函数 LEFT

格式：LEFT(text，hum_digits)

功能：返回字符串 text 左起 hum_digits 个字符的子字符串。其中，hum_digits 为非负整数，如果省略则默认为 1。

例如：LEFT("北京 XXX 学院",2)的值为"北京"，LEFT("good bye",4)的值为"good"。

（4）右截取子串函数 RIGHT

格式：RIGHT(text，hum_digits)

功能：返回字符串 text 右起 hum_digits 个字符的子字符串。

例如：RIGHT("北京 XXX 工程学院",2)的值为"学院"，RIGHT("good bye"，3)的值为"bye"。

3．常用函数

Sum：求和函数。

Count：统计函数。

Average：求平均值函数。

Max：求最大值函数。

Min：求最小值函数。

Product：求乘积函数。

IF：条件函数。符合条件为真，否则为假。

And：逻辑与函数。如果其所有参数均为 TRUE，则返回 TRUE，否则返回 FALSE。

Not：逻辑非函数。对其参数的逻辑值求反。

Or：逻辑或函数。只要有一个参数为 TRUE，则返回值就为 TRUE，否则为 FALSE。

用户可以在单元格中输入等号，然后从格式栏的函数框中选择函数进行函数计算。

4.7　编　辑　图　表

编辑图表包括创建图表、移动图表、图表格式化、修改图表元素、删除图表等。Excel 2010 系统中提供了大量的图表类型，例如柱形图、折线图、饼图、条线图、面积图等。通过"图表工具"和鼠标操作来改变图表的位置、大小及图表元素等，其数据和图表可以显示在一个工作表中，也可以不出现在同一个工作表中。用户可以根据实际情况改变图表的位置。

4.7.1 创建图表

图表可以将表格中的数据直观、形象地转化为"可视化"的图形，以较好的视觉效果来表达表格中数据的关系，更利于用户对表格数据的分析。

具体操作方法如下：

① 将光标移动到数据表区域；

② 单击"插入"选项卡中的"图表"组中的"图表"下拉列表，选择一种图表类型，如图4-17所示。

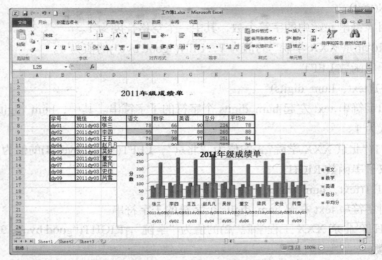

图 4-17　用图表表示学生成绩

4.7.2 移动、删除图表

1. 移动图表位置

在图表中单击鼠标选中图表→当鼠标变成四角光标时直接拖曳图表到合适的位置即可。

2. 删除图表

选中图表→直接按【Del】键即可将图表删除。

4.7.3 改变图表大小

在图表中单击鼠标选中图表→将鼠标置于图表区边界中的"控制点"上，当光标变成双向箭头四角光标时→拖曳鼠标即可调整图表大小。

4.7.4 修改图表类型

1. 使用"图表工具"修改图表类型

选中图表→单击"图表工具"栏中的"设计"选项卡→单击"图表布局"和"图表样式"组中的命令按钮→对图表类型进行修改。

2. 使用鼠标修改图表类型

修改图表类型：在图表上单击鼠标右键→选择快捷菜单上的"更改图表类型"命令→打开"更

改图表类型"对话框→选择一种所需的图表类型即可。

4.7.5　添加图表标题

添加图表标题的具体操作如下：

① 选择图表→单击"图表工具"栏中的"布局"选项卡→单击"标签"组中的"图表标题"下拉列表框中的"图表上方"命令。图表标题如图 4-18 所示；

② 右键单击"图表标题"→选择快捷菜单中的"编辑文字"命令→直接输入图表标题的内容即可。

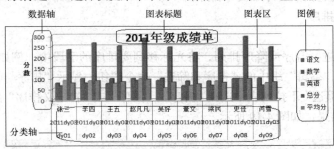

图 4-18　图表元素

4.7.6　添加横向和纵向坐标轴标题

1. 添加纵向坐标轴标题

具体操作如下：

① 选择图表→单击"图表工具"栏中的"布局"选项卡→单击"标签"组中的"坐标轴标题"→单击下拉列表框中的"主要纵向坐标轴标题"→单击下拉列表中的"竖排标题"命令；

② 单击竖排标题框→直接输入标题内容即可。纵向坐标轴标题，如图 4-18 所示。

2. 添加横向坐标轴标题

具体操作如下：

① 选择图表→单击"图表工具"栏中的"布局"选项卡→单击"标签"组中的"坐标轴标题"→单击下拉列表框中的"主要横向坐标轴标题"→单击下拉列表中的"坐标轴下方标题"命令，横向坐标轴标题，如图 4-18 所示；

② 在"坐标轴标题"框中直接输入标题内容即可。

4.7.7　格式化图表

生成一个图表后，为了获得理想的效果，可以对图表的各个对象进行格式化。

最常用的是双击要进行格式设置的图表对象，在打开的格式对话框中进行设置。不同的图表对象有不同的格式设置，常用的格式设置包括边框、图案、字体、数字、对齐、刻度和数据系列格式等。

4.8　数 据 管 理

4.8.1　数据排序

所谓排序，就是根据某一列或几列的数据按照一定的顺序进行排列，以便对这些数据进行直观的分析和研究。排序的顺序包括升序和降序。

在实际中，为了方便查找和使用数据，用户通常按一定顺序对数据清单进行重新排列。其中数值按大小排序，时间按先后排序，英文字母按字母顺序(默认不区分大小写)排序，汉字按拼音首字母排序或笔画排序。

用来排序的字段称为关键字。排序方式分升序(递增)和降序(递减)，排序方向有按"行"排序或按"列"排序，此外，还可以采用自定义排序。

数据排序有两种：简单排序和复杂排序。

1. 单一字段的排序

具体操作如下：

① 对单一字段进行升序或降序排列，将光标移到要排序的字段中，例如：语文字段→单击"开始"选项卡中的"编辑"组中的"排序和筛选"命令按钮→显示"排序与筛选"下拉列表；

② 在"排序与筛选"下拉列表中选择"升序"、"降序"或"自定义排序"命令实现排序功能。按英语分数排序的结果，如图 4-19 所示。

图 4-19　按英语成绩排序的结果

2. 复杂排序

对多个字段进行升序或降序排列。当排序的字段值相同时，可按另一个关键字继续排序，最多可以设置 3 个排序关键字。

采用自定义排序的方法如下：

① 将光标移到要排序的表格中→单击"开始"选项卡中的"编辑"组中的"排序和筛选"命令按钮→显示"排序和筛选"下拉列表；

② 在"排序和筛选"下拉列表中选择"自定义排序"命令→打开"排序"对话框；

③ 单击"添加条件"选项卡→选择或输入"主要关键字"、"排序依据"、"次序"、"次要关键字"等参数，如图 4-20 所示。

4.8.2　数据筛选和高级筛选

利用数据筛选可以快速地显示符合条件的行数据，筛选分为自动筛选和高级筛选。

自动筛选可以实现单个字段筛选，以及多字段筛选的"逻辑与"关系。操作简便，能满足大部分应用需求；高级筛选能实现多字段筛选的"逻辑或"关系，较复杂，需要在数据清单外建立一个条件区域。

图 4-20　排序对话框

1. 数据筛选

数据筛选可以根据某一列，例如以数学字段或英语字段为筛选的条件筛选出符合条件的数据行。

具体操作步骤如下：

① 单击表格中任意一个单元格；

② 单击"开始"选项卡→单击"编辑组"中的"排序和筛选"下拉列表中的"筛选"命令→表格中每个字段旁边添加向下箭头；

③ 单击"英语"旁边的向下箭头→选择下拉菜单中的"数字筛选"命令→打开"自定义自动筛选方式"对话框；

④ 在"自定义自动筛选方式"对话框中输入筛选的条件→单击"确定"按钮即可。显示筛选结果，如图 4-21 所示。

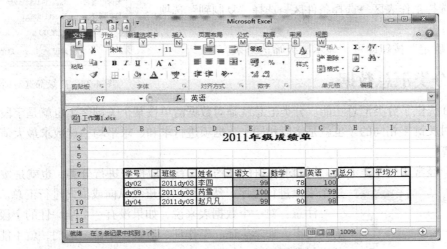

图 4-21　"自动筛选"结果

2. 高级筛选

高级筛选是针对两个字段或两个以上字段组成的筛选条件进行高级筛选。进行高级筛选前，首先要建立一个条件区，提出进行筛选的条件，以便对数据区进行筛选。

　　条件区的规定：条件写在同一行时，属于与的关系；

　　　　　　　　　条件写在不同行时，属于或的关系，如图 4-22 所示。

具体操作步骤如下：

① 首先建立高级筛选条件区；

图 4-22　高级筛选条件区

② 单击表格中任意一个单元格；

③ 单击"数据"选项卡→单击"排序和筛选"组中的"高级"命令按钮→打开"高级筛选"对话框；

④ "高级筛选"对话框中→选择"将筛选结果复制到其他位置"单选框→选择工作表区→选择条件区→选择"复制到"选项，如图 4-23 所示；

⑤ 单击"确定"按钮即可，显示高级筛选结果。

图 4-23　高级筛选对话框

4.8.3　分类汇总数据

Excel 2010 提供了分类汇总功能。分类汇总就是对数据清单按某个关键字（也就是字段）进行分类，然后对关键字相同的（也就是字段相同）数据项进行求和、求平均、计数求最大值、最小值等汇总运算。

实际应用中经常用到分类汇总，例如求各班的平均分，首先应按班进行分类，也就是按班级这个字段进行排序，然后可以按班级纵向或横向进行汇总。

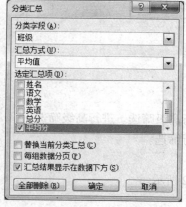

注意：对一个数据表来说，如果没有一个唯一性的字段作为关键字，如学生证、工作证、班级、单位、部门，就不能对其进行数据汇总。如果有唯一性的字段作为关键字，但是，对于要汇总的数据表中没有数值型数据，汇总也就没有意义。汇总主要是同类（关键字相同）的数值字段进行纵向或横向汇总。

具体操作步骤如下：

① 单击表格中任意一个单元格；

② 单击"数据"选项卡→单击"分级显示"中的"分类汇总"命令按钮→打开"分类汇总"对话框；

③ 在"分类汇总"对话框中，选择分类字段为"班级"，

图 4-24　分类汇总对话框

汇总方式为"平均值",选定汇总选项为"平均值",选中"汇总结果显示在数据下方"复选框,如图 4-24 所示;

　④ 单击"确定"按钮,显示分类汇总结果,如图 4-25 所示。

图 4-25　分类汇总结果

4.9　实　验　目　的

> 掌握创建工作簿的方法。
> 掌握编辑工作表和图表的方法。
> 掌握美化工作表的方法。
> 掌握数据管理与统计的方法。
> 掌握预览与打印工作表的方法。

4.9.1　实验内容和要求

（1）采用快速建立表格的方法,完成 1~12 个班学生登记表的录入工作。

　要求:① 表格栏目包括:序号、班级、学号、姓名、政治面貌、高考分数、入学时间、联系电话。

　② 写出建立和录入 12 个班学生登记表的方法。

（2）复制如下所示的表格到 Excel 编辑环境,按照下列要求完成各题。

2010 级学生期中成绩单

学号	语文	数学	英语	计算机	平均分	总分
2010001	88	56	94	97		
2010002	95	96	94	97		
2010003	65	70	38	67		
2010004	98	96	92	97		
2010005	61	57	43	59		
2010006	82	64	94	97		
2010007	76	49	64	81		
2010008	100	99	98	97		
2010009	79	23	55	97		
2010010	78	88	76	45		
2010011	88	46	33	97		

具体要求如下。

① 利用 Excel 提供的函数完成平均分和总分的计算和填充工作。

② 利用 Excel 提供的筛选功能筛选出数学、英语都不及格的学生信息。

（3）复制如下所示的表格到 Excel 编辑环境，按照下列要求完成各题。

2009 级学生成绩单

序号	班级	语文	数学	英语	计算机	平均成绩	等级评定
		88	56	94	97		
		95	96	94	97		
		65	70	38	67		
		98	96	92	97		
		76	97	68	97		
		61	77	66	59		
		82	64	94	97		
		76	49	64	81		
		100	99	98	97		
		79	23	65	97		
		78	88	76	45		
		88	100	94	97		

具体要求如下。

① 在该表中，填充序号和班级的内容；

② 利用 Excel 提供的函数计算并完成平均成绩的填充工作。

③ 用红色标记出各门课程不及格的成绩。

④ 利用 Excel 提供的函数进行等级计算并完成等级评定项目的填充工作。

等级评定条件：平均分>=90 为优秀，平均分>=80 为良好，平均分>=70 为中，平均分>=60 为及格，平均分<60 为不及格。

⑤ 筛选出数学成绩大于等于 95 分且总评为优秀的学生。

⑥ 对 2009 级成绩单按平均分进行降序排序。

（4）建立一个如下所示的二维表格。

学期成绩评定表

序号	姓名	语文	数学	外语	物理	平均成绩	三好资格
1	张凡	88	86	90	84		
2	李立	77	80	85	78		
3	高扬	91	90	93	98		
4	孙丽	79	66	78	65		
5	钱进	61	55	63	32		
6	赵小军	82	83	85	82		
7	王刚	99	98	92	91		
8	纪阳	80	96	77	87		
9	罗大川	67	78	82	81		
10	杜伟	94	86	85	89		
11	李微微	100	77	87	90		
12	赵辉	99	98	89	100		

具体要求如下：

① 计算并填充学生的平均成绩；

② 统计出可以参加评选三好生的人数。评选三好生的条件：各科成绩都>=85 分为"可以"，否则"不可以"。

（5）按照下列表格内容创建一个数据表。

具体要求如下：

① 练习数据的排序、筛选、高级筛选和分类汇总等操作；

② 利用公式和函数完成"结余"和"状况"的输入，其中，"状况"项可以是"赢利"和"亏损"；

③ 按照"行业"进行分类汇总，并显示汇总情况。

收入与支出情况表

行业	名称	收入	支出	结余	状况
纺织	第一毛纺厂	360000	350000		
通信	波导	4000000	2500000		
运输	广州航空	3200000	2700000		
家电	牡丹	200000	150000		
运输	大连航空	3600000	3000000		
纺织	第三毛纺厂	400000	150000		
通信	爱立信	5000000	2100000		
纺织	第二毛纺厂	500000	200000		
家电	长虹	750000	606000		
家电	康佳	500000	250000		
通信	诺基亚	6000000	3000000		
运输	云南航空	2700000	2000000		
家电	熊猫	490000	450000		
运输	上海航空	4300000	2500000		
纺织	第四毛纺厂	350000	310000		
通信	西门子	4700000	1500000		

4.9.2 实验报告要求

（1）提交一份电子文档报告，其文件名为：两位小班班号+两位小班学号+姓名+实验#。

（2）电子文档内容要求：

    ① 上机题目和结果；

    ② 实验总结（要求：100～200字）。

（3）在规定时间内将实验报告和 Excel 文件的压缩包上传到指定的服务器上。

第 5 章
PowerPoint 2010 演示文稿

本章学习重点

➢ 掌握演示文稿的基本操作。

➢ 掌握编辑演示文稿的方法。

➢ 掌握美化演示文稿的方法。

➢ 掌握添加多媒体对象的方法。

➢ 掌握设置动画效果的方法。

➢ 掌握演示文稿的播放与打印。

5.1 认识 PowerPoint 2010

PowerPoint 2010 软件是制作集文字、图形、图像、声音及视频剪辑于一体的演示文稿软件。在 PowerPoint 2010 中可以添加淡化、格式效果、书签场景并剪裁视频，为演示文稿增添专业的多媒体体验。用户不仅可以在投影仪或者计算机上进行演示，也可以将演示文稿打印出来，制作成胶片，以便应用到更广泛的领域中。利用 PowerPoint 2010 不仅可以创建演示文稿，还可以在互联网上召开面对面会议、远程会议或在 Internet 上给观众展示演示文稿。

5.1.1 PowerPoint 2010 功能与特点

PowerPoint 2010 的功能 {

（1）为演示文稿带来更多的活力和视觉冲击力。

（2）与他人同时协同工作，创建高质量的演示文稿。

（3）提供了更多音频和可视化功能，增添个性化的视频体验。

（4）从更多位置访问演示文稿，即时显示和播放。

（5）可以从更多位置、在更多设备上访问演示文稿。

（6）强大的图片编辑工具。

（7）利用新的切换功能和改进的动画牢牢抓住观众的注意力。

（8）更有效地组织和打印幻灯片。

（9）节省时间和简化工作、更快地完成工作。

（10）处理多个演示文稿和在多个监视器上演示。

5.1.2　PowerPoint 2010 窗口介绍

在 PowerPoint 2010 编辑窗口中，可以创建一个或多个默认的演示文稿，其文件名为演示文稿 1、演示文稿 2 等。一份演示文稿就是一个 PowerPoint 2010 文件，由若干张幻灯片组成。这些幻灯片内容各不相同，却又互相关联，共同构成一个演示主题，也就是该演示文稿要表达的内容。每张幻灯片上可以包含文字、图形、图像、表格、音乐、视频等各种可以输入和编辑的对象。制作演示文稿实际上就是在创建一张张的幻灯片，每一时刻只能对一张幻灯片进行操作。

启动 PowerPoint 2010 后，打开 PowerPoint 2010 编辑幻灯片的窗口，如图 5-1 所示。

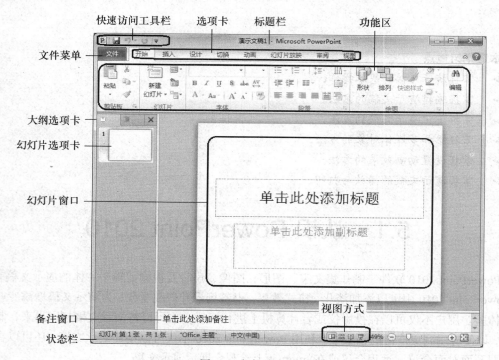

图 5-1　幻灯片窗口

PowerPoint 窗口由以下几部分组成。

➢ 　快速访问工具栏：该工具栏提供了一些常用的命令按钮，用户可以根据需要增加或减少。

➢ 　选项卡：使用选项卡中的各个功能可以对幻灯片进行编辑。

➢ 　功能区：包括命令按钮、图片库等。

➢ 　文件菜单：包括一些对幻灯片文件操作的命令，如新建、保存、打开、另存为等命令。

➢ 　幻灯片窗口：编辑幻灯片的工作区，主要用于编辑文本，插入文本框、图片、表格、图表、绘图对象、电影、声音、超链接、动画等功能。

➢ 　大纲选项卡：选择大纲视图选项卡，将显示演示文稿中全部幻灯片的编号顺序、图标、标题和主要文本信息。

➢ 　幻灯片选项卡：显示幻灯片的缩略图，主要用于添加、调换幻灯片的次序、删除幻灯片以及快速浏览幻灯片。

➢ 　视图方式：为用户提供观看幻灯片的视图方式，包括普通视图、幻灯片浏览、备注页和幻灯片放映视图。

> ➤ 备注窗口：备注窗口位于下部，主要用于写入与每张幻灯片的内容相关的备注说明。
> ➤ 状态栏：显示页计数、总页数、设计模板、拼写检查等信息。

5.1.3　PowerPoint 2010 视图方式

PowerPoint 2010 提供了许多用于浏览、编辑演示文稿的视图，可以帮助用户创建出具有专业水准的演示文稿。

1. 普通视图

普通视图是主要的编辑视图，可用于撰写和设计演示文稿。

普通视图有 4 个工作区域，如图 5-1 所示。

> ➤ 大纲选项卡：以大纲形式显示幻灯片文本。
> ➤ 幻灯片选项卡：在编辑时以缩略图大小的图像在演示文稿中观看幻灯片。使用缩略图能方便地遍历演示文稿，并观看任何设计更改的效果。在这里还可以轻松地重新排列、添加或删除幻灯片。
> ➤ 幻灯片窗口：在 PowerPoint 窗口的右上方，"幻灯片"窗格显示当前幻灯片的大视图。在此视图中显示当前幻灯片时，可以添加文本，插入图片、表格、SmartArt 图形、图表、图形对象、文本框、电影、声音、超链接和动画。
> ➤ 备注窗格：在"幻灯片"窗格下的"备注"窗格中，可以键入要应用于当前幻灯片的备注。以后，用户可以将备注打印出来并在放映演示文稿时进行参考。用户还可以将打印好的备注分发给受众，或者将备注包括在发送给受众或发布在网页上的演示文稿中。

提示：若要查看普通视图中的标尺或网格线，可以在"视图"选项卡上的"放映"组中选中"标尺"或"网格线"复选框。

2. 幻灯片浏览视图

幻灯片浏览视图可以使用户查看缩略图形式的幻灯片。通过此视图，用户可以轻松地对演示文稿的顺序进行排列和组织。用户还可以在幻灯片浏览视图中添加节，并按不同的类别或节对幻灯片进行排序。

3. 备注页视图

"备注"窗格位于"幻灯片"窗格下。用户可以键入要应用于当前幻灯片的备注。用户可以将备注打印出来并在放映演示文稿时进行参考。

提示：如果要以整页格式查看和使用备注，请在"视图"选项卡上的"演示文稿视图"组中单击"备注页"。

4. 母版视图

母版视图包括幻灯片母版视图、讲义母版视图和备注母版视图。它们是存储有关演示文稿信息的主要幻灯片，其中包括背景、颜色、字体、效果、占位符大小和位置。使用母版视图的一个主要优点在于，在幻灯片母版、备注母版或讲义母版上，可以对与演示文稿关联的每个幻灯片、备注页或讲义的样式进行统一更改。

5. 幻灯片放映视图

幻灯片放映视图可用于向受众放映演示文稿。幻灯片放映视图会占据整个计算机屏幕，这与受众观看演示文稿时在大屏幕上显示的演示文稿完全一样。用户可以看到图形、计时、电影、动画效果和切换效果在实际演示中的具体效果。

提示：若要退出幻灯片放映视图，请按【Esc】键。

6. 演示者视图

演示者视图是一种可以在演示期间使用的基于幻灯片放映的关键视图。借助两台监视器，可以运行其他程序并查看演示者备注，而这些是受众所无法看到的。若要使用演示者视图，请确保用户的计算机具有多监视器功能，同时也要打开多监视器支持和演示者视图。

7. 阅读视图

阅读视图用于向用自己的计算机查看演示文稿的人员而非受众（例如，通过大屏幕）放映演示文稿。如果用户希望在一个设有简单控件以方便审阅的窗口中查看演示文稿，而不想使用全屏的幻灯片放映视图，则可以在自己的计算机上使用阅读视图。如果要更改演示文稿，可随时从阅读视图切换至某个其他视图。

5.1.4　PowerPoint 2010 提供的操作

PowerPoint 2010 提供的操作包括创建演示文稿、编辑演示文稿、美化与排版设置动画效果、幻灯片的美化与排版、在幻灯片中引入多媒体、演示文稿的播放与打印，如图 5-2 所示。

图 5-2　PowerPoint 2010 提供的操作

5.2　创建演示文稿

创建演示文稿就是利用 PowerPoint 2010 创建一个由若干张幻灯片组成的文件。其内容可以是文本、图片、图形、动画、图表、视频等内容，其文件类型为"*.pptx"或"*.ppt"。

创建演示文稿的过程主要包括创建新演示文稿、选择演示文稿的模板与版式、添加文本、表格、图表、图形、图像、媒体、设置幻灯片的动画和切换效果，最后是演示文稿的放映、打印和发布等，如图 5-3 所示。

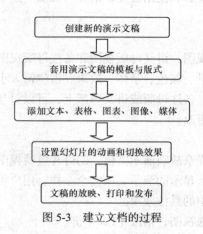

图 5-3　建立文档的过程

5.2.1　使用模板创建演示文稿

使用设计模板创建的演示文稿，其特点是具有统一的背景图案和背景颜色。

具体操作步骤如下：

① 打开 PowerPoint 2010 编辑窗口，单击"文件"中的"新建"命令→选择"office.com"模板中的"科技"模板类型；

② 创建第一张幻灯片，单击"幻灯片"功能区中的"版式"下拉列表按钮，选择一种版式，如图 5-4 所示；

③ 按照所选的版式输入相应的内容，例如文本、图片、表格等内容，重复第③～④步骤，即可创建许多张幻灯片；

④ 最后，单击"快速访问工具栏"中的"保存"命令即可完成演示文稿的创建工作。如图 5-5 所示。

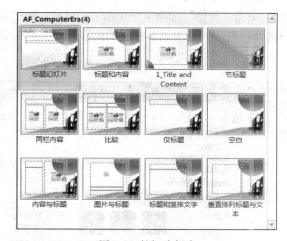

图 5-4　幻灯片版式

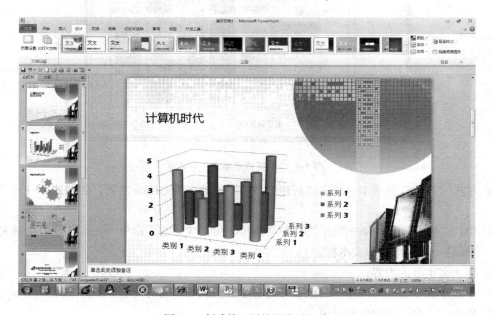

图 5-5　创建统一风格的演示文稿

5.2.2 创建风格独特的演示文稿

用户可以按照自己的设计风格添加背景色或背景图案，从而设计出风格独特的演示文稿。在创建文稿时，大部分的演示文稿是采用设计模板的方法创建的，而有一些演示文稿则需要特殊的背景，如单色或用其他背景色，也可以采用这种方法来创建。

具体操作步骤如下：

① 打开 PowerPoint 2010 编辑窗口；

② 单击"文件"中的"新建"命令→单击"空白演示文档"命令按钮；

③ 单击"设计"选项卡→单击"背景"组中的"背景样式"下拉列表中的"设置背景格式"命令按钮，打开"设置背景格式"对话框；或者直接选择背景样式列表中的一种背景样式；

④ 在"设置背景格式"对话框中设置"渐变光圈"、"颜色"、"亮度"、"透明度"等项，单击"全部应用"命令按钮，如图 5-6 所示；

⑤ 创建第一张幻灯片。单击"开始"选项卡→单击"幻灯片"组中的"版式"命令按钮→显示幻灯片版式下拉列表→选择一种版式→添加各板块的内容；

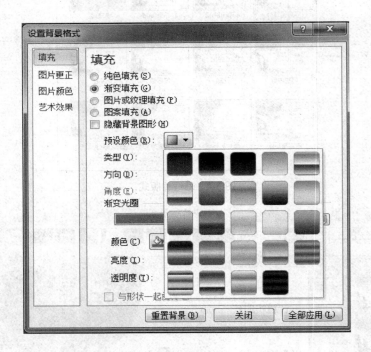

图 5-6　"设置背景格式"对话框

⑥ 单击"开始"选项卡→单击"新建幻灯片"中的一种 Office 主题，例如选择一种"空白"主题；

⑦ 单击"插入"选项卡→单击"文本"功能区中的"文本框"命令→在幻灯片中绘制文本框，输入一个标题→插入图片和文本框；

⑧ 输入文本框的内容；

⑨ 重复步骤⑥⑦⑧可以按照自己设计的背景、版式制作幻灯片，如图 5-7 所示；

⑩ 单击"保存"命令按钮即可。

图 5-7　按照自己设计的背景制作的幻灯片

5.2.3　创建电子相册演示文稿

具体操作步骤如下：

① 单击"插入"选项卡→单击"图像"功能区中的"相册"下拉列表命令按钮，选择"新建相册"命令，打开"相册"对话框；

② 在"相册"对话框中，双击插入图片来自"文件/磁盘"按钮→双击"在计算机磁盘上的图片"，如图 5-8 所示；

图 5-8　在相册中添加照片

③ 重复步骤②即可添加多张图片，并且单击"相册中的图片"可以进行浏览，如图 5-9 所示；
④ 单击"放映"按钮即可播放。

图 5-9　电子相册幻灯片

5.2.4　保存演示文稿

具体操作方法如下：

① 单击"文件"菜单中的"保存"或"另存为"命令，然后选择保存文件的位置，最后单击"确定"即可将演示文稿保存到磁盘上；

② 单击"快速访问工具栏"中的"保存"按钮，然后选择文件的位置，最后单击"确定"即可将演示文稿保存到磁盘上。

5.2.5　打开演示文稿

具体操作方法如下：

单击"快速访问工具栏"中的"打开"命令按钮或单击"文件"菜单中的"打开"命令都会出现打开对话框，在"查找范围"框内选择演示文稿所在的文件夹，再选择要打开的演示文稿的文件，然后双击它即可打开该演示文稿。

5.3　演示文稿的编辑与美化

编辑演示文稿包括：

（1）在幻灯片中插入文本、文本框、图形、表格、图表、图片、多媒体等；

（2）幻灯片的选择、复制、移动、删除等。

用户还可以通过 PowerPoint 2010 提供的 4 种显示演示文稿的视图方式，浏览演示文稿的标题、内容和整体效果并对其进行编辑操作。在编辑状态下，既可以对幻灯片中的对象进行插入、复制、移动、删除等操作，也可以对幻灯片进行插入、复制、移动、删除等操作。

5.3.1　插入图形、图片和文本框

1. 插入几何图形

具体操作方法如下：

① 插入现成的形状。单击"插入"选项卡→单击"插图"组中的"形状"命令按钮→显示"最近使用的形状"下拉列表→选择一种图形；

② 在插入图形位置按住鼠标左键并向右下角方向拖曳鼠标即可；

③ 在图形上单击右键选择快捷菜单上的编辑文本、字体、形状、大小和位置等命令对图形进行编辑。

2. 插入 SmartArt 图形

具体操作方法如下：

① 单击"插入"选项卡→单击"插图"组中的"SmartArt"命令按钮→显示"选择 SmartArt 图形"对话框，如图 5-10 所示；

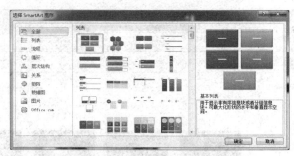

图 5-10　"SmartArt 图形"对话框

② 在"选择 SmartArt 图形"对话框中双击选择一种图示类型；

③ 对添加的图形进行大小、位置的调整；

④ 在所插入的图形上单击鼠标右键选择快捷菜单中的编辑文字、更改形状等命令即可对图形进行编辑操作。制作幻灯片结果如图 5-11 所示。

3. 插入剪贴画

具体操作方法如下：

① 单击"插入"选项卡→单击"图像"组中的"剪贴画"命令按钮→显示"剪贴画"下拉列表框→单击"搜索"按钮→双击即可插入选中的剪贴画；

② 在该剪贴画上单击鼠标右键选择快捷菜单中的调整大小、变换剪贴画的角度等命令即可对所插入的剪贴画进行编辑操作。

4. 插入图片

具体操作方法如下：

① 单击"插入"选项卡→单击"图像"组中的"图片"命令按钮→打开"插入图片"对话框，如图 5-12 所示；

② 在"插入图片"对话框中选择要插入图片的文件即可；

③ 在图片上单击鼠标右键选择快捷菜单上的"设置图片格式"命令即可设置图片的格式，例如"紧密型"格式。

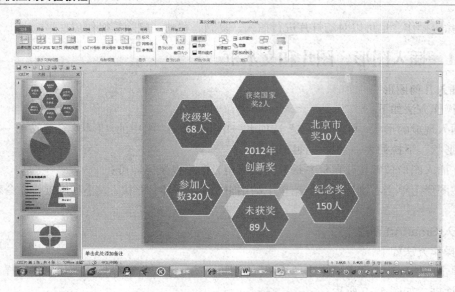

图 5-11　制作 SmartArt 图形的幻灯片

图 5-12　"插入图片"对话框

提示：在图片上单击右键选择快捷菜单上的"剪切"工具，对图形进行裁剪操作，也可以将图片设置成背景等。

5. 插入文本框

具体操作方法如下：

① 单击"插入"选项卡→单击"文本"组中的"文本框"命令按钮→显示"横向文本框"和"垂直文本框"下拉列表→选择一种文本框类型；

② 在插入文本框的位置按住鼠标左键并向右下角方向拖曳鼠标即可插入一个文本框；

③ 在文本框中直接输入文本内容即可。

6. 插入表格和图表

具体操作方法如下：

① 单击"插入"选项卡→单击"表格"组中的"表格"命令按钮→选择插入表格和绘制表格；

② 在指定光标处插入表格或绘制表格；

③ 单击"插入"选项卡→单击"插图"组中的"图表"命令按钮→选择一种图表类型。

提示：在系统提供的表格上修改表格数据，可以自动更新图表；在图表的任意位置单击右键，选择快捷菜单上的命令即可实现对图表的编辑。

5.3.2　在演示文稿中添加音乐、视频和动画

PowerPoint 2010 支持的媒体类型，如图 5-13 所示。

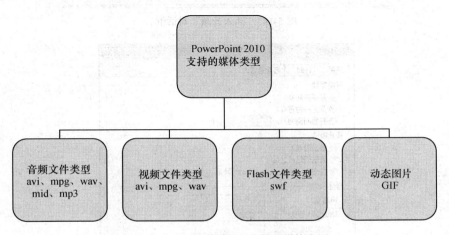

图 5-13　PowerPoint 2010 支持的媒体类型

1. 添加背景音乐并循环播放

具体操作步骤如下：

① 在幻灯片视图方式下，切换到要插入影片和声音的幻灯片上；

② 单击"插入"选项卡→单击"媒体"组中的"音频"命令按钮→显示下拉列表→单击"文件中的音频"命令→打开"插入音频"对话框，如图 5-14 所示；

③ 在"插入音频"对话框中选择一个音频文件，如*.wav、*.mp3 等；

④ 单击"插入"命令按钮即可将音频文件应用到当前幻灯片，在幻灯片中插入一个小喇叭；

⑤ 选中小喇叭→单击"动画"选项卡→单击"高级动画"组中的"动画窗口"命令按钮→单击"音乐"下拉列表按钮→选择"音频效果"命令→打开"播放音频"对话框；

⑥ 在"播放音频"对话框中设置"停止播放"选项，设置演示文稿的最后一页，实现循环播放功能，如图 5-15 所示；

⑦ 单击"确定"按钮即可。

2. 在演示文稿中插入影片

具体操作步骤如下：

① 在幻灯片视图方式下，切换到要插入影片的幻灯片上；

② 单击"插入"选项卡→单击"媒体"组中的"视频"命令按钮→显示下拉列表→单击"文件中的视频"命令→打开"插入视频文件"对话框，如图 5-16 所示；

图 5-14　"插入音频"对话框

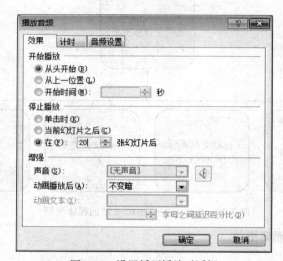

图 5-15　设置循环播放对话框

图 5-16　"插入视频文件"对话框

③ 在"插入视频文件"对话框中选择一个视频文件，如*.wmv 或*.avi 文件；

④ 单击播放按钮即可在当前幻灯片窗口播放刚插入的视频内容。

3. 在演示文稿中插入 Flash 动画

具体操作步骤如下：

① 在幻灯片视图方式下，切换到要插入多媒体素材的幻灯片上；

② 单击"文件"菜单→选择"选项"→打开"PowerPoint 选项"对话框；

③ 在"PowerPoint 选项"对话框中→单击"自定义功能区"下拉列表按钮→选择"主选项"列表框中的"开发工具"复选框，然后单击"确定"按钮；

④ 在"PowerPoint 2010"窗口的选项卡区上添加一个"开发工具"选项卡；

⑤ 单击"开发工具"选项卡→单击"控件"组中的"其他控件"按钮→显示"其他控件"对话框，如图 5-17 所示；

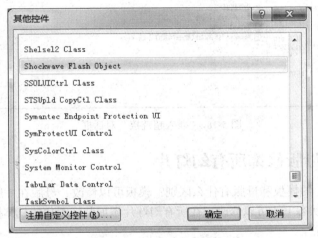

图 5-17　"其他控件"对话框

⑥ 单击工具栏上的"其他控件"按钮，在随后弹出的下拉列表中选择"Shockwave Flash Object"选项，然后在幻灯片中拖拉出一个矩形框（此为播放窗口）；

⑦ 选中上述播放窗口，单击工具栏上的"属性"按钮，打开"属性"对话框，在"Movie"选项后面的方框中输入需要插入的 Flash 动画文件名及完整路径，然后关闭属性窗口；

⑧ 调整好播放窗口的大小即可播放 Flash 动画。

提示：建议将 Flash 动画文件和演示文稿保存在同一文件夹中，这样只需要输入 Flash 动画文件名称，而不需要输入文件的路径。

利用插入超链接插入 Flash 动画的方法如下：

① 运行 PowerPoint 程序，打开要插入动画的幻灯片；

② 在其中插入任意一个对象，比如一段文字、一个图片等，目的是对它设置超链接；

③ 选择此对象，单击"插入"菜单，在打开的下拉菜单中单击"超级链接"；

④ 在弹出窗口的"链接到"中选择"原有文件或 Web 页"，单击"文件"按钮，选择要插入的动画，单击"确定"完成。播放动画时只要单击设置的超链接对象即可。

5.3.3　创建对象的超级链接

具体操作步骤如下：

① 选择操作对象，如文本或图片；

② 在选中的文本或图片上单击右键→选择快捷菜单上的"超链接"命令→打开"插入超链接"对话框，如图 5-18 所示；

③ 在"插入超链接"对话框中选择"链接到"的位置，可以是现有文件或网页、本文档中的位置、新建文档、电子邮件地址，在"查找范围"文本框中输入链接的目标文件或位置；

④ 单击"确定"命令按钮即可。

图 5-18　"插入超链接"对话框

5.3.4　使用母版修饰所有幻灯片

PowerPoint 2010 的模板和母版有什么区别？模板可以修改，母版在一般编辑状态不可以修改，只有在编辑母版状态下才可以修改。在所有幻灯片添加装饰图片的具体操作如下：

① 打开演示文稿。

② 单击"视图"选项卡→单击"母版视图"功能组中的"幻灯片母版"命令按钮；

③ 在一张幻灯片中直接插入装饰图片，单击"关闭幻灯片母版"命令按钮，所有幻灯片上都添加了该装饰图片。

提示：根据用户需要可以随时更换、删除所插入的装饰图片，如图 5-19 所示。

图 5-19　使用母版添加装饰图片

修改母版的操作如下：

① 单击"视图"选项卡→单击"母版视图"功能组中的"幻灯片母版"命令按钮；

② 选择母版上的装饰图片，按【Del】键删除；

③ 单击"关闭母版"命令按钮即可。

5.3.5　幻灯片的插入、复制、移动和删除

在浏览视图方式下可以浏览所有的幻灯片，拖曳幻灯片可以调整前后的位置，双击某张幻灯片可以进入编辑幻灯片状态等操作。还可以对幻灯片进行删除、复制、移动等操作。

1．浏览幻灯片

具体操作如下：

① 打开 PowerPoint 窗口；

② 单击"视图"选项卡→单击"演示文稿视图"功能组中的"幻灯片浏览"命令按钮即可浏览所有幻灯片。

2．选择幻灯片

在"幻灯片浏览"视图下，所有幻灯片都会以缩小的图形形式在屏幕上显示出来，在删除、移动或复制幻灯片之前，首先要进行选定幻灯片的操作。

具体选定方法如下：

➢ 选择单张幻灯片：在幻灯片上单击即可；

➢ 选择多张连续的幻灯片，单击第一张要选择的幻灯片，按住【Shift】键，然后单击最后一张要选择的幻灯片即可；

➢ 选择多张不连续的幻灯片，按住【Ctrl】键，然后单击要选择的幻灯片即可；

➢ 选择全部幻灯片，按【Ctrl】+【A】键。

3．删除幻灯片

在幻灯片浏览视图下，先选定幻灯片，然后按【Del】键即可删除该幻灯片。

4．复制幻灯片

在幻灯片浏览视图下，先选定幻灯片，用鼠标按住【Ctrl】键直接拖曳所选幻灯片即可实现复制操作。

5．移动幻灯片

在幻灯片浏览视图下，直接用鼠标拖曳要移动的幻灯片到目标位置即可。

5.4　设置幻灯片的动画和切换效果

PowerPoint 2010 提供了两种设置动画效果的方法，即预设动画和自定义动画。在设计动画时，一方面是设计幻灯片中各个对象（如标题、文本、表格、文本框、图形、图像、剪贴画、艺术字、SmartArt 图形和其他对象）出现在幻灯片中的顺序、方式及出现时的伴音等视觉效果，提高演示的生动性，另一方面是在幻灯片之间增加一些切换效果，如淡化、渐隐等效果。可以对某对象单独使用任何一种动画，也可以将多种效果组合在一起，使它具有两种以上的动画效果。

5.4.1 设置幻灯片的动画

PowerPoint 2010 提供了 4 种不同类型的动画效果,用户根据需要可以对所选对象进行"进入"动画、"退出"动画、"强调"动画和动作路径动画 4 种动画效果的设置。

1. 设置"进入"动画效果

例如,可以使文本或图片等对象逐渐淡入焦点、从边缘飞入幻灯片或者跳入幻灯片中。"进入动画"包括的内容如图 5-20 所示。

图 5-20 "进入"动画命令按钮

具体操作步骤如下:

① 选中幻灯片中的文本或图片;

② 单击"动画"选项卡→单击"动画"组中的"动画"命令按钮,如"缩放"命令按钮,再单击动画功能组中的"效果选项"下拉列表中的效果命令即可设置动画效果;

③ 单击高级动画功能组中的"添加动画"和"触发"命令按钮即可进一步设置动画效果,如图 5-21 所示;

④ 单击高级动画功能组中的"动画窗格",在窗口右侧添加"动画窗格",在该窗格单击"播放"按钮可以观看动画效果。

提示:在"动画窗格"中,除了可以观看动画效果外,还可以单击"重新排序"改变各个对象的播放先后顺序;右键单击窗口显示的动画效果列表中的某一项,可以删除动画效果设置。

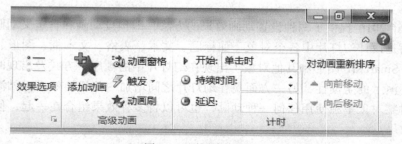

图 5-21 动画命令按钮

2．设置"退出"动画效果

"退出"动画效果包括使文本或图片等对象飞出幻灯片、从视图中消失或者从幻灯片旋出。"退出"动画命令按钮如图 5-22 所示。

具体操作步骤如下：

① 选中幻灯片中的文本或图片；

② 单击"动画"选项卡→单击"高级动画"组中的"添加动画"的下拉列表→选中"退出"命令按钮→单击动画功能组中的"效果选项"下拉列表中的效果命令即可设置动画效果；

图 5-22　"退出"动画命令按钮

③ 单击高级动画功能组"添加动画"和"触发"命令按钮即可进一步设置动画效果；

④ 单击高级动画功能组中的"动画窗格"即可在编辑窗口的右侧添加"动画窗格"，在该窗格单击"播放"按钮可以观看动画效果。

提示： 在"动画窗格"中，除了可以观看动画效果外，还可以单击"重新排序"改变各个对象的播放先后顺序；右键单击窗口显示的动画效果列表中的某一项，可以删除动画效果设置。

3．设置"强调"动画效果

"强调"动画效果包括使文本或图片等对象缩小或放大、更改颜色或沿着其中心旋转。"强调"动画包括脉冲、色彩脉冲、陀螺旋等，如图 5-23 所示。

图 5-23　"强调"动画命令按钮

具体操作步骤如下：

① 选中幻灯片中的文本或图片；

② 单击"动画"选项卡→单击"高级动画"功能组中的"添加动画"的下拉列表→选择一种

"强调"动画→单击动画功能组中的"效果选项"下拉列表中的效果命令；

③ 单击高级动画功能组中的"添加动画"和"触发"命令按钮即可进一步设置动画效果；

④ 单击高级功能区中的"添加动画"、"触发"等命令按钮，可以对动画效果进行进一步的设置；

⑤ 单击高级动画功能组中的"动画窗格"即可在编辑窗口的右侧添加"动画窗格"，在该窗格单击"播放"按钮可以观看动画效果。

4. 设置动作路径

设置动作路径，可以使文本或图片等对象上下移动、左右移动或者沿着星形或圆形图案移动（与其他动画效果一起）。

具体操作步骤如下：

① 选中幻灯片中的文本或图片；

② 单击"动画"选项卡→单击"高级动画"组中的"添加动画"的下拉列表→选择"其他动作路径"命令按钮→打开"添加动作路径"对话框，如图 5-24 所示；

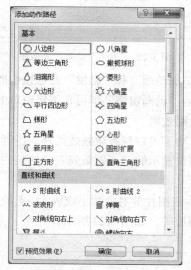

图 5-24　动作路径动画的命令按钮

③ 在"添加动作路径"对话框中→单击"动作路径"动画命令按钮即可设置动画效果；

④ 单击高级动画功能组中的"添加动画"和"触发"命令按钮即可进一步设置动画效果；

⑤ 单击高级动画功能组中的"动画窗格"即可在编辑窗口的右侧添加"动画窗格"，在该窗格单击"播放"按钮可以观看动画效果。

5.4.2　使用动画刷添加动画

在幻灯片中，为每个对象添加动画效果是比较烦琐的事情，尤其还要逐个调节时间及速度。PowerPoint 2010 新增了"动画刷"功能，可以像文本"格式刷"那样，只需要轻轻一"刷"就可以把原有对象上的动画运用到目标对象上，既方便又快捷。

具体操作步骤如下：

① 选中已经添加了动画效果的文本或图片；

② 单击"高级动画"组中的"动画格式刷"→单击未设置动画效果的文本或图片→动画就被复制了。

5.4.3　设置幻灯片的切换效果

用户在播放幻灯片时，可以根据需要设置幻灯片的切换方式、切换效果。

具体操作步骤如下：

① 在幻灯片视图下，单击"切换"选项卡→单击"切换到此幻灯片"功能组中的"切换"命令按钮，如"切出"命令、"淡出"命令、"推进"命令、"擦出"命令等；

② 单击"效果选项"下拉列表→选择一种切换效果；

③ 如图 5-25 所示，单击"全部应用"命令按钮、"换片方式"命令按钮等项进一步设置换片效果；

④ 单击高级动画功能组中的"动画窗格"命令按钮，在窗口右侧添加一个"动画窗格"，在该窗格单击"播放按钮"即可观看换片效果。

图 5-25　设置幻灯片的切换效果

5.5　演示文稿的播放与打印

在 PowerPoint 2010 中，演示文稿放映分为手动和自动放映两种播放方式。用户可以根据实际需要，设置演示文稿放映方式。

5.5.1　普通手动放映

具体操作步骤如下：

① 打开演示文稿，单击"幻灯片放映"选项卡，单击"开始放映幻灯片"功能组中的"从头开始"命令按钮，或者按快捷键"F5"即可以全屏幕的形式放映幻灯片；

② 系统开始播放幻灯片，按回车键或空格键切换到下一页幻灯片。

提示：在放映幻灯片过程中，随时在幻灯片上单击右键，选择快捷菜单中的控制命令，控制幻灯片的放映顺序，既可以向前翻页，也可以向后翻页，还可以选择"定位至幻灯片"等，也可以选择"结束放映"命令，退出放映。

5.5.2　自动放映

利用 PowerPoint 提供的排列计时功能，为每一张幻灯片设置播放的时间，从而实现 PPT 自动播放功能。具体操作步骤如下：

① 打开演示文稿；

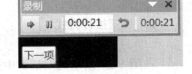

图 5-26　录制对话框

② 单击"幻灯片放映"选项卡→单击"设置"功能组中的"排练计时"命令按钮，系统自动切换到放映方式，并显示"录制"工具栏，如图 5-26 所示；

③ 在"录制"工具栏中会显示自动计算出的当前幻灯片的排练时间，时间的单位为秒，第一张幻灯片讲话后，单击"下一页"按钮，重复此过程，计算机就会计算出整个幻灯片的时间；

④ 完成计时，系统会显示当前幻灯片放映的总时间，单击"是"，即可保留幻灯片的排练时间；

⑤ 单击"开始放映幻灯片"功能组中的"从头开始播放"命令按钮即可实现自动播放功能。

5.5.3　设置放映及换片方式

在播放演示文稿前用户可以根据需要设置不同的放映方式，PowerPoint 提供的放映方式有演讲者放映、观众自行浏览、在展台浏览等方式。

设置放映方式的步骤如下：

① 打开演示文稿；

② 单击"幻灯片放映"选项卡→单击"设置"功能组中的"设置幻灯片放映"命令按钮，显示"设置放映方式"对话框，如图 5-27 所示。

1. 设置放映方式

（1）演讲者放映

以全屏幕形式显示，演讲者可以控制放映的进程，可用绘图笔勾画，适于大屏幕投影的会议、讲课。

（2）观众自行浏览

以窗口形式显示，可编辑浏览幻灯片，适于人数少的场合。

（3）在展台放映

以全屏幕形式在展台上做演示用，按事先预定的或通过执行"排练计时"命令设置的时间和次序放映，不允许现场控制放映的进程。

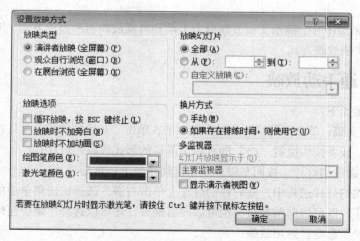

图 5-27　"设置放映方式"对话框

2. 设置换片方式

（1）手动放映

在图 5-27 所示的对话框中选择"换片方式"为"人工"，则在放映幻灯片时需要单击鼠标，或按空格键，或按回车键放映下一张幻灯片；利用光标移动键也可以播放上一张或下一张幻灯片。

（2）自动放映

具体操作方法如下：

① 通过"幻灯片放映/幻灯片切换"对话框设置一种切换方式，并指定换片时间；

② 选择"幻灯片放映"菜单中的"排练计时"，弹出一个的工具栏，工具栏中左边显示的时间为本幻灯片的放映时间，右边显示的时间为总的放映时间。单击工具栏的"下一页"按钮可排练下一张幻灯片的放映时间；

③ 单击工具栏的关闭按钮，显示一个计时提示框，选择"是"即可保留排练时间，自动放映时即可按排练时间自动放映演示文稿。

5.5.4　自定义放映方式

自定义放映是针对不同用户的需要，可以有选择地进行放映而设置的。例如对于一个比较大的演示文稿，可以根据不同用户有选择地进行播放演示文稿的一部分幻灯片。

具体操作步骤如下：

① 打开演示文稿；

② 单击"幻灯片放映"选项卡→单击"开始放映幻灯片"功能组中的"自定义幻灯片放映"命令按钮，显示"自定义放映"对话框；

③ 单击"新建"命令按钮→显示"定义自定义放映"对话框；

④ "定义自定义放映"对话框中→在"在演示文稿中的幻灯片"列表中选择需要播放的幻灯片→然后单击"添加"命令按钮。重复此过程，即可完成选择要播放的幻灯片的工作；

⑤ 选择一些要放映的幻灯片添加到右边窗口，同时对右边窗口中不满意的幻灯片也可以选择删除后放回左边窗口；

⑥ 重复以上步骤即可完成多个不同用户放映方式的设置，如图 5-28 所示。

图 5-28　自定义放映方式

提示：需要放映自定义的幻灯片，就可以右键单击幻灯片放映的画面，选择快捷菜单中的放映命令即可放映，如图 5-29 所示。

图 5-29　自定义放映菜单

5.5.5　放映时在幻灯片上作标记

在幻灯片放映过程中，可以使用鼠标在画面上书写或添加标记。

设置方法：在放映屏幕上单击鼠标右键，在弹出的快捷菜单中选择"指针选项"，再选择一种笔，就可以把鼠标当作画笔使用了，按住左键，可以在屏幕上画图或书写。

5.5.6　打印演示文稿

演示文稿可以放映，也可以打印出来，打印的方法与 Office 2010 系列其他软件相同，需要安装打印机、设置页面属性和打印范围等。同 Office 2010 系列其他软件所不同的是，PowerPoint 2010 在打印时，可以选择 4 种不同的打印内容：幻灯片、讲义、备注页和大纲视图。

1. 打印幻灯片

一般情况下，幻灯片是用来在屏幕上演示供观众观看的，不过有时也需要把幻灯片打印出来，打印的方法如下：

① 单击"文件"下拉菜单中的"打印"命令，显示"打印"对话框；

② 设置打印机，在"页面范围"中设置打印范围，可以是某一张、若干张或全部；

③ "打印内容"选择"幻灯片"；

④ 单击"确定"完成打印。

提示：通过工具栏中的"打印"按钮也可以打印幻灯片，但是打印范围是全部幻灯片，并且不会显示对话框，单击后直接打印。

2. 打印讲义

同打印幻灯片相比，更多的时候幻灯片被打印成讲义的形式，对于 A4 或 16 开纸，每页可以放 2、3、4、6 或 9 张幻灯片，如图 5-30 所示。

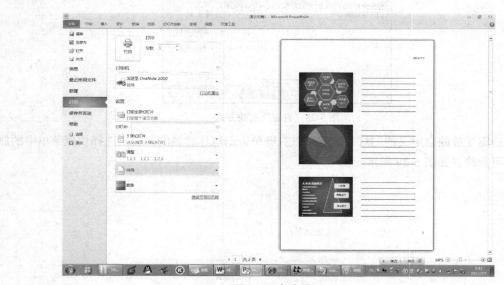

图 5-30　打印设置

打印讲义的具体步骤如下：

① 单击"文件"菜单中的"打印"命令，显示"打印"对话框；

② 在"打印"对话框中，设置打印份数，设置打印的范围，设置每页纸放几张幻灯片等；

③ 根据需要，可选择"根据纸张调整大小"和"幻灯片加框"选项；

④ 单击"确定"完成打印。

以上介绍了打印幻灯片和打印讲义的方法。另外，PowerPoint 2010 还提供了打印备注页和大纲视图的功能，打印方法基本相同，这里不再赘述。

5.6　实　验　目　的

掌握演示文稿的操作技术。

➤　独立完成演示文稿的制作任务。

➤　掌握在演示文稿中添加图片、文本框的方法。

➤　学会美化演示文稿的方法。

➤　掌握设置动画效果的方法。

➤　掌握演示文稿的播放与打印技术。

➤　掌握在演示文稿中添加背景音乐、视频媒体的方法。

5.6.1　实验内容和要求

（1）围绕一个主题制作一个包含 10 页幻灯片的演示文稿，内容自选。

（2）要求：使用所学的技术，包括设置文本的格式化、插入艺术字、插入表格、图表、绘制图形、设置图形和图片的环绕方式、应用母版、创建操作对象的超级链接、设置幻灯片的动画效果和切换效果、添加背景音乐和视频等。

（3）要求：按照自定义方式进行有选择的播放、自动播放。

（4）按照每页 6 张幻灯片方式打印预览。

5.6.2　实验报告要求

（1）提交一份电子文档报告，其文件名为：两位小班班号+两位小班序号+姓名+实验#。

（2）电子文档内容要求：

①　提交演示文稿的作品；

②　实验总结（要求：100～200 字）。

（3）在规定时间内将实验报告上传到指定的服务器上。

第6章
计算机网络基础和 Internet 应用

本章学习重点

➤ 了解 Internet 的接入方式。

➤ 掌握 IE 浏览器的功能。

➤ 掌握收发电子邮件和管理邮件的方法。

➤ 掌握客户端 CuteFTP 软件的使用。

➤ 掌握组建、配置无线局域网和局域网的方法。

➤ 掌握判断网络故障的简单方法。

6.1 认识 Internet

Internet 是由成千上万个不同类型、不同规模的计算机网络，通过通信设备和传输介质相互连接而成的、开放的、全球最大的信息资源网络。它由主干网、广域网、局域网等互连的网络组成，如图 6-1 所示。

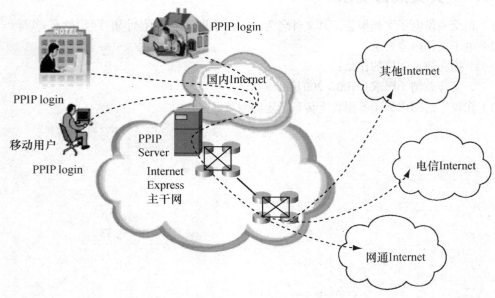

图 6-1 Internet

6.1.1　接入 Internet 的方式

目前，Internet 的应用越来越普遍，不论是单位上网，还是个人上网，都希望选择一种适合自己、性能价格比高的接入技术。本节将介绍接入 Internet 的方法。

1.　通过 Modem 拨号接入 Internet

计算机用户通过 Modem 接公用电话网络，再通过公用电话网络连接到 ISP，通过 ISP 的主机接入 Internet，在建立拨号连接以前，向 ISP（我国一般是当地联通部门）申请拨号连接的使用权，获得使用账号和密码，每次上网前需要通过账号和密码拨号。拨号上网方式又称为拨号 IP 方式，因为采用拨号上网方式，在上网之后会被动态地分配一个合法的 IP 地址。在用户和 ISP 之间要用专门的通信协议 SLIP 或 PPP。通过普通电话线的拨号上网速度慢，一般为 56kbit/s。

2.　通过 ISDN 线路拨号上网

ISDN 是综合业务数字网的缩写，是提供端到端的数字连接网络，除了支持电话业务外，还能支持网络中传输传真、数字和图像等业务。ISDN 专线接入又称为一线通，因为它通过一条电话线就可以实现集语音、数据和图像通信于一体的综合业务。ISDN 连接通过网络终端 NT、用户终端和 ISDN 终端适配器 TA 等一些通过电话网络连接到 ISP，不过需要强调的是与拨号上网不同的是这里在电话线上传输的是数字信号。

由于 ISDN 使用数字传输技术，因此 ISDN 线路抗干扰能力强，传输质量高且支持同时打电话和上网，速度快且方便，能支持多种不同设备，最高网速可达到 128kbit/s。

3.　宽带 ADSL 上网

DSL 是数字用户线技术，可以利用双绞线高速传输数据。现有的 DSL 技术已有多种，如 HDSL、ADSL、VDSL、SDSL 等。我国电信为用户提供了 HDSL、ADSL 接入技术。ADSL 是非对称式数字用户线路的缩写，采用了先进的数字处理技术，将上传频道、下载频道和语音频道的频段分开，在一条电话线上同时传输 3 种不同频段的数据且能够实现数字信号与模拟信号同时在电话线上传输。它的连接是主机通过 DSL Modem 连接到电话线，再连接到 ISP，通过 ISP 连接到 Internet。

ADSL 提供了下载传输带宽最高可达 8Mbit/s，上传传输带宽为 64kbit/s～1Mbit/s 的宽带网络。与拨号上网或 ISDN 相比，ADSL 减轻了电话交换机的负载，不需要拨号，属于专线上网，不需另缴电话费。

4.　通过 DDN 专线接入 Internet

DDN 是数字数据网络的缩写，它是利用铜缆、光纤、数字微波或卫星等数字传输通道，提供永久或半永久连接电路，以传输数字信号为主的数字传输网络，在连到 Internet 时，是通过 DDN 专线连接到 ISP，再通过 ISP 连接到 Internet。局域网通过 DDN 专线连接 Internet 时，一般需要使用基带调制解调器和路由器。

因为 DDN 传输的数据具有质量高、传输速率高（数据传输信道可以直接传送高达 150Mbit/s 的数据信号）、网络延时小、安全可靠等一系列的优点，所以特别适合于计算机主机之间、局域网之间、计算机主机与远程终端之间的大容量、多媒体、中高速通信的传输，DDN 可以说是我国的中高速信息国道。

目前的专线上网一般都是租用电信公司或者网络公司的 DDN（数字数据网）专线。一般，这些单位都有自己的局域网。局域网的服务器通过路由器和数据终端单元 DTU 接入到 DDN。

5.　通过局域网连接到 Internet

通过局域网连接到 Internet 是指已经建立了一定规模的局域网，并与 Internet 联通，用户的计算机只需要配置一块 10MB/100MB 网卡和一根非屏蔽双绞线并连到局域网，便可接入 Internet。这种连接方式实际上是将局域网中的计算机连接局域网的服务器，再通过服务器上网。而服务器上网可以采用专线方式，也可以采用通过电话线的几种方式。目前，各大公司、高等院校和政府机关都采用了局域网接入 Internet 的方式。

接入 Internet 后还不能访问 Internet 资源，需要进行如下的安装和设置：

安装网卡驱动程序；

添加和配置 TCP/IP；

对 IP 地址、子网掩码、网关及域名服务器进行设置。

其中，设置网关的 IP 地址，也就是说明局域网的工作站要通过哪一台设备接入到 Internet。当然，这台设备也许还要经过其他的设备才接到 Internet，但确实是局域网中的工作站接入 Internet 的"必由之路"。

6. 通过有线电视网接入 Internet

目前，我国有线电视网遍布全国，且现在能够利用一些特殊的设备把这个网络的信号转化成计算机网络数据信息，这个设备就是电缆调制解调器（Cable Modem），有线电视网络传输的模拟信号，通过 Cable Modem 把数字信号转化成模拟信号，从而可以与电视信号一起通过有线电视网络传输。在用户端，使用电缆分线器将电视信号和数据信号分开。

采用这种方法，连接速率高、成本低，并且提供非对称的连接，这种方法与使用 ADSL 一样，用户上网不需要拨号，得到了一种永久型连接。还有就是不受距离的限制。这种方法的不足之处在于有线电视是一种广播服务，同一信号发向所有用户，从而带来了很多网络安全问题，另外，由于采用总线型拓扑结构，多个用户共享给定的带宽，那么数据传输速率就会受到影响。

7. 无线接入

无线接入（Wireless LAN）简称 WLAN，是目前常用的一种接入 Internet 方式。无线接入的方法是采用无线局域网的技术（IEEE802.11 协议、无线的机站、无线的路由器、无线的集线器、无线网卡、无线 Modem 等）及设备，先将路由器的接入端与 ISP 连接，再将路由器的出口与无线 HUB 相连接（AP 无线接入点），带无线网卡的客户端就可以通过无线 HUB（AP 无线接入点）上网了。无线接入的优点是它不受电缆束缚，可移动，能解决因有线网布线困难等带来的问题，并且组网灵活，扩容方便，与多种网络标准兼容，应用广泛等。

6.1.2 Internet 提供的信息服务

Internet 提供的服务有远程登录服务、WWW 服务、电子邮件服务、文件传输服务、即时通信服务等，其主要的服务如图 6-2 所示。

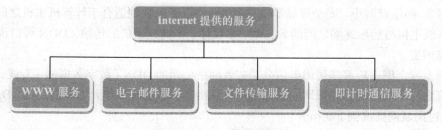

图 6-2 Internet 提供的服务

1．WWW 服务

WWW（World Wide Web，环球信息网）是一个基于超文本方式的信息查询服务。WWW 是由欧洲粒子物理研究中心（CERN）研制的。WWW 将位于全世界 Internet 上不同网址的相关数据信息有机地链接在一起，通过浏览器软件（Browser）提供一种友好的查询界面，用户仅需要提出查询要求，而不必关心到什么地方去查询及如何查询，这些均由 WWW 自动完成。WWW 为用户带来的是世界范围的超级文本服务，只要操作鼠标，就可以通过 Internet 获取希望得到的文本、图像和声音等信息。另外，WWW 仍可提供传统的 Telnet、FTP、E-Mail 等 Internet 服务。

2．文件传输服务 FTP

FTP（File Transfer Protocol）服务解决了远程传输文件的问题，只要两台计算机都加入互联网并且都支持 FTP，它们之间就可以进行文件传送。

FTP 实质上是一种实时的联机服务。用户登录到目的服务器上就可以在服务器目录中寻找所需文件。FTP 几乎可以传送任何类型的文件，如文本文件、二进制文件、图像文件、声音文件等。一般的 FTP 服务器都支持匿名（anonymous）登录，用户在登录到这些服务器时无须事先注册用户名和口令，只要以 anonymous 为用户名和自己的 E-Mail 地址作为口令就可以访问该匿名 FTP 服务器了。

3．电子邮件服务（E-mail）

电子邮件（E-mail）是指发送者和指定的接收者利用计算机通信网络发送信息的一种非交互式的通信方式。这些信息包括文本、数据、声音、图像、语言视频等内容。 由于 E-mail 采用了先进的网络通信技术，又能传送多种形式的信息，与传统的邮政通信相比，E-mail 具有传输速度快、费用低、效率高、全天候全自动服务等优点，同时 E-mail 的传送不受时间、地点、位置的限制，发送者和接收者可以随时进行信件交换，所以得以迅速普及。近年来，随着电子商务、网上服务（如电子贺卡、网上购物等）的不断发展和成熟，E-mail 越来越成为人们主要的通信方式。

4．即时通信服务

即时通信工具的实时交互、资费低廉等优点开始逐渐受到用户的喜爱，已经成为网络生活中不可或缺的一部分。网民可以通过即时通信进行沟通交流、结识新朋友、娱乐消遣时间、实现异地文字、语音、视频的实时互通交流。同时，人们也认识到即时信息工具能够带来极高的生产力。诸多企事业单位借助它的使用，来提高业务协同性及反馈的敏感度和快捷度。作为使用频率最高的网络软件，即时通信已经突破了作为技术工具的极限，被认为是现代交流方式的新象征。常用即时通信聊天软件有腾讯 QQ、MSN、网易 POPO、UC 等。

6.2　Internet Explorer 的使用

Internet Explorer 8 是一款人们常用的 Web 浏览器，与以前的版本相比，它可以帮助用户更方便、快捷地从 WWW 服务器上获取所需的任何信息，同时提供了更高的隐私和安全保护。

Internet Explorer 8 特点如下。

- ➢ 更快速。Internet Explorer 8 可以更好地响应新页面和标签，从而能够快速、可靠地打开相应站点内容即 Web 站点、Web 邮件、喜爱的新闻站点或其他联机服务。
- ➢ 更方便。减少了完成许多常见任务的步骤，并可自动获得实时信息更新。
- ➢ 隐私。帮助保护用户的隐私和机密信息，防止泄露用户在 Web 上访问过的位置。

> 安全。帮助保护及防止恶意软件入侵用户的 PC，并在遇到仿冒网站时更容易检测。

6.2.1　IE 浏览器窗口操作

在桌面上双击"Internet Explorer 8.0"的图标，屏幕上将出现"Internet Explorer 8.0"的工作窗口，如图 6-3 所示。

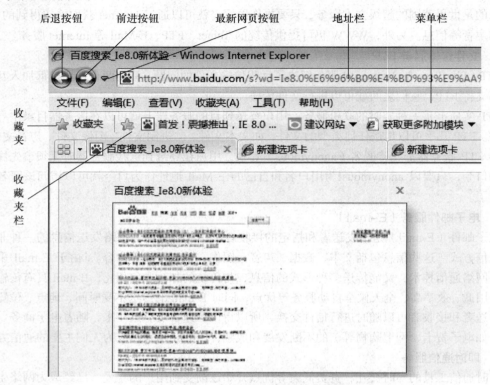

图 6-3　"Internet Exploror 8.0"的工作窗口

1. 常用控制按钮的功能

> "后退"按钮：方便返回到上一个浏览过的 Web 页。
> "前进"按钮：执行过"后退"命令后，该键变为可用，用于"前进"到执行"后退"以前的 Web 页。
> "停止" ✕ 按钮：当 Web 页跳转过程中想要停止该进程时，按此键即可。
> "刷新" ✦ 按钮：重新连接地址栏里的 Web 站点，下载网站内容。
> "主页" 按钮：由当前 Web 页转向到主页，主页可根据需要重新设置。
> "收藏夹栏"按钮：单击"收藏夹栏"按钮即可在收藏夹栏创建当前 Web 页的快捷方式。
> "阅读邮件"按钮：用来收发邮件及查看邮件内容。
> "打印"按钮：用来打印当前 Web 页。

2. 保存 Web 网页中的文本

保存 Web 网页中的文本的具体操作方法如下：

① 用鼠标选定文本，然后利用【Ctrl】+【C】命令复制选定的文本到剪贴板中；

② 打开一个新文档或已存在的文档，然后按【Ctrl】+【V】命令，将剪贴板中的文本信息粘贴到文档中。

3. 保存 Web 网页中的图片

如果只保存 Web 页中的某些图片，则应用鼠标右键单击图片，在快捷菜单上选择"图片另存为"选项，然后选择保存图片到磁盘中。也可以选择复制，然后粘贴到文档中。

4. 保存整个 Web 页

保存整个 Web 页的具体操作方法如下。

① 如果要保存整个 Web 页，包括 Web 页中的文字和图形，则应该选择文件菜单中的"另存为"命令，显示保存 Web 页的对话框。

② 在保存 Web 页的对话框中输入一个文件名，选择保存类型为"Web 页，全部"选项。IE 浏览器除了保存当前的 Web 页文件外，还会将当前 Web 页中的图形，单独存放在一个文件夹中，并且修改它们的链接，使得将来在脱机浏览这个 Web 页面时，仍然是一个既有文字，又有图形的完整页面；如果选择"Web 页，仅 HTML"，则将只保存 Web 页文件，不保存图形文件；如果选择"文本文件"，则将 Web 页的 HTML 文件保存为纯文本文件。

③ 单击"确定"按钮即可。

6.2.2　设置主页

设置主页的具体操作步骤如下：

① 打开浏览器；

② 单击"工具"菜单→选择下拉菜单中的"Internet 选项"命令，打开"Internet 选项"窗口，如图 6-4 所示；

③ 在"若要创建主页选项卡，请在各项地址行键入地址"框中输入主页地址即可；

④ 单击"确定"按钮。

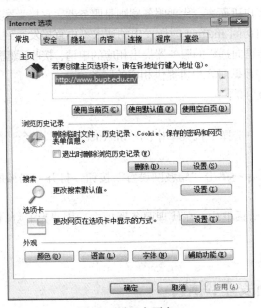

图 6-4　设置主页窗口

6.2.3　设置安全级别

设置安全级别的具体操作步骤如下：

① 打开浏览器;

② 单击"工具"菜单→选择下拉菜单中的"Internet 选项"命令,打开"Internet 选项"窗口,如图 6-4 所示;

③ 单击"安全"选项卡,单击"自定义级别"按钮,设置安全级别;

④ 单击"隐私"选项卡,根据需要进行设置即可;

⑤ 单击"确定"按钮。

6.2.4 删除浏览器临时文件

删除浏览器临时文件的具体操作步骤如下:

① 打开浏览器;

② 单击"工具"菜单→选择下拉菜单中的"Internet 选项"命令,打开"Internet 选项"窗口,如图 6-4 所示;

③ 单击"常规"选项卡,在浏览历史记录项中,选中"退出时删除历史记录"复选框,单击"删除"按钮,打开"删除浏览的历史记录"对话框;

④ 在"删除浏览的历史记录"对话框中,根据需要选择删除项,设置使用的磁盘空间大小等;

⑤ 单击"确定"按钮。

6.2.5 设置代理服务器

在使用网络浏览器浏览网络信息的时候,如果使用代理服务器,浏览器就不是直接到 Web 服务器去取回网页,而是向代理服务器发出请求,由代理服务器取回浏览器所需要的信息。

代理服务器处在客户机和服务器之间,对于远程服务器而言,代理服务器是客户机,它向服务器提出各种服务申请;对于客户机而言,代理服务器则是服务器,它接受客户机提出的申请并提供相应的服务。也就是说,客户机访问 Internet 时所发出的请求不再直接发送到远程服务器,而是被送到了代理服务器上,代理服务器再向远程的服务器提出相应的申请,接收远程服务器提供的数据并保存在自己的硬盘上,然后用这些数据对客户机提供相应的服务。

设置代理服务器的方法如下:

① 打开浏览器;

② 单击"工具"菜单→选择下拉菜单中的"Internet 选项"命令,打开"Internet 选项"窗口,如图 6-4 所示;

③ 单击"连接"选项卡→单击"局域网设置"按钮,打开"局域网设置"对话框,如图 6-5 所示;

④ 在"局域网设置"对话框中,在代理服务器项中选中"为 LAN 使用代理服务器"复选框,输入代理服务器的地址;

⑤ 单击"确定"按钮。

6.2.6 如何判断安全网站

随着网络欺诈的不断发生,很多网友都曾被钓鱼网站误导,而新版 IE 8 的"突出显示域名"这项功能,会在用户浏览网页时自动运行,并将对地址栏中的域名的 URL 字符串使用粗体文字并作高亮显示,用户可以快速判断出当前网站是否属于安全的网站,如图 6-6 所示。

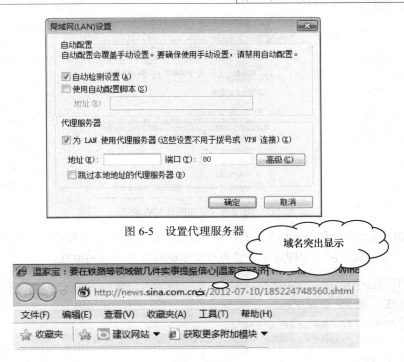

图 6-5　设置代理服务器

图 6-6　域名突出显示

6.2.7　收藏夹栏与收藏夹的使用

1. 收藏夹栏的使用

当用户遇到需要收藏的站点时，只要使用鼠标单击一下"收藏夹栏"命令按钮即可将当前网站地址添加到收藏夹栏中了，如图 6-7 所示。甚至，也可以打开收藏夹，通过创建文件夹，分类存放有用的站点地址。通过拖曳该网址到指定收藏文件夹中。

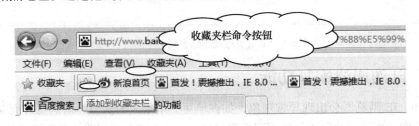

图 6-7　收藏夹栏的使用

2. 收藏夹的使用

如何将当前网站的地址收藏到收藏夹中：首先打开要添加的网站，单击浏览器左上方的"收藏夹"按钮；在展开的列表中，单击"添加到收藏夹"按钮即可将当前网站地址添加到收藏夹中，如图 6-8 所示。

提示：在收藏夹中可以创建文件夹，分类存放收藏夹中的网址，例如可以创建体育新闻、新片上映、新闻网站、好友的博客、电子书等文件夹，便于用户查找。

3. 批量整理、清理收藏夹

批量整理、清理收藏夹的具体操作方法如下：

图 6-8　添加网址到收藏夹

① 单击"开始"按钮→选择个人文件夹→双击"收藏夹",打开收藏夹文件夹,如图 6-9 所示;
② 在"收藏夹"窗口中即可统一整理或批量删除无用的网站地址。

图 6-9　批量整理或删除收藏夹中的内容

6.2.8　自动崩溃恢复功能

众所周知,IE 浏览器会出现异常现象,如在填写一个很大的表时,遭遇意外而关闭了窗口。在新版 IE 8.0 中,当浏览器由于特殊原因出现异常时,这个"自动崩溃恢复"机制便会发挥作用,自动帮助用户恢复尚未关闭前的网页,使用户的信息得到了保护。

6.3　文件传送服务 FTP

FTP 是文件传送协议 File Transfer Protocol 的缩写,是 Internet 的一项传统应用,目前仍然使用得十分广泛。FTP 用于在 Internet 下载(Download)和上载(Upload)文件。

1. 实现 FTP 文件传输的条件和匿名 FTP 访问

实现 FTP 文件传输必须具有以下条件:必须有提供下载和上载服务的 FTP 服务器,知道这个服务器的名称或 IP 地址；

必须有安装了 FTP 客户程序的客户机；

客户机的用户必须有 FTP 服务器的用户名和口令；

客户机和服务器之间有正常的通信连接。

以上条件说明 FTP 的访问是一种授权的访问，如果没有取得授权，是不能访问 FTP 服务器的。

Internet 上提供一种称为匿名 FTP 访问的服务。访问这种 FTP 服务器时，使用如下统一的用户名和统一规定的口令。

用户名：anonymous。

口令：电子邮件地址。

这里的电子邮件地址，并不要求一定是一个实际存在邮件地址，只要格式一致就可以。现在，许多 FTP 客户程序在连接匿名 FTP 服务器时，已经设置了用户名和口令，用户就不需要输入任何用户名和口令了。

即使对于匿名 FTP 服务器的访问也是有一定的限制的：可以访问的范围是有限制的，同时可以访问的人数也是有限制的。

要访问不提供匿名服务的 FTP 服务器，必须事先知道登录的用户名和口令。网络上有大量的 FTP 服务器是不可以随意访问的。

2．FTP 客户程序

FTP 服务本来是要通过命令行的方式来进行的。FTP 规定了一整套在进行 FTP 访问时使用的命令，以便进行 FTP 服务器的目录查询，以及具体的下载和上载操作。

命令行方式访问 FTP 服务器需要知道一系列的命令，而且只能对文件（包括多个文件）进行下载，而不能对文件夹下载，使用不是很方便。

现在，有许多 Windows 环境下的 FTP 客户程序，克服了命令行方式的各种缺点，使用起来就方便多了。这样的客户程序有许多，CuteFTP 就是常用的一种。

客户端软件 CuteFTP 的特点如下。

允许下载或上载整个文件夹，包括这个文件夹下所包含的文件夹和所有文件。

支持下载文件的续传。如果由于某种原因，使得下载中断，CuteFTP 将保存下载的结果，当重新开始下载相同的文件时，CuteFTP 可以在原来的断点接续进行文件的下载。这种特性在网络传输条件不是很好时非常有用。

6.3.1　CuteFTP 窗口介绍

CuteFTP 是一个非常优秀的上传、下载工具。在目前众多的 FTP 软件中，CuteFTP 因为其使用方便、操作简单而备受网上冲浪者的青睐。CuteFTP 是一种共享软件，可以从网络上免费下载和免费限期使用。

1．CuteFTP 的工作窗口

启动 CuteFTP 软件后，显示 CuteFTP 的工作窗口，如图 6-10 所示。窗口主要的部分是中间的两个窗格。左边的是客户机窗格，右边的是服务器窗格。在这些窗格中显示客户机/服务器的文件夹组成或文件夹中的内容。从服务器窗格中选择了文件或文件夹后，拖曳到右边的窗格就是下载操作。从左边的窗格中选择了文件或文件夹，拖曳到左边就是上传操作。

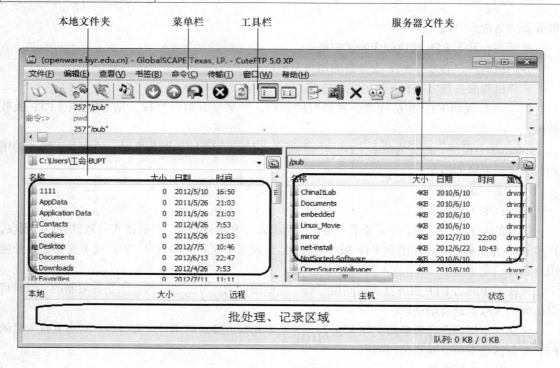

本地文件夹　　　　菜单栏　　　工具栏　　　　　　　　服务器文件夹

图 6-10　CuteFTP 的工作窗口

CuteFTP 窗口的操作在很大程度上类似于"资源管理器"窗口的操作。例如文件夹、文件信息的显示方式、排序方式，多文件的选择等，都和"资源管理器"窗口中的操作相同或相似。如选择文件或文件夹的操作，按住"Shift"键进行连续的文件或文件夹的选择；按住"Ctrl"键进行不连续的文件或文件夹的选择。

2. 新建站点管理

在 CuteFTP 中建立站点管理后，便于保存有用的 FTP 服务器的地址，方便连接。

新建站点管理的具体操作步骤如下：

① 启动 CuteFTP 软件→打开 CuteFTP 工作窗口；

② 单击"站点管理器"按钮→打开"站点管理器"对话框；

③ 在"站点管理器"对话框中→使用鼠标右键单击"常规 FTP 站点"，选择快捷菜单中的"新建文件夹"命令，直接输入文件夹名，如高校 FTP 地址；

④ 在新建的文件夹上单击右键，然后选择快捷菜单中的"添加新站点"地址，如输入北京大学的 FTP 地址；

⑤ 重复步骤③和步骤④可以添加许多 FTP 服务器的地址，如图 6-11 所示；

⑥ 单击"确定"按钮。

6.3.2　使用客户端软件 CuteFTP

1. 利用站点管理器下载文件夹或文件

利用站点管理器下载文件夹或文件的具体操作步骤如下：

① 打开 CuteFTP 工作窗口；

② 在工具栏上，单击"站点管理器"按钮，打开"站点管理器"对话框；

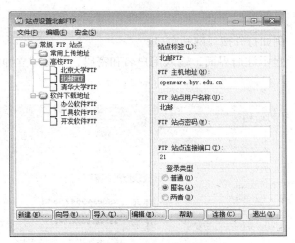

图 6-11　FTP 站点管理

③ 在"站点管理器"对话框中找到要连接的 FTP 站点地址，然后单击它，再单击"连接"命令按钮即可连接到该 FTP 服务器上；

④ 在本地驱动器上选择好目标文件夹，在服务器上选择要下载的文件夹或文件，用鼠标直接拖曳要下载的文件夹或文件到本地目标文件夹即可。

2. 使用工具栏按钮下载文件夹或文件

除了通过"站点管理"窗口来连接 FTP 站点外，还可以通过"快速连接"栏进行连接。

具体操作方法如下：

① 打开 CuteFTP 工作窗口；

② 单击工具栏中的"快速连接"命令按钮→在主机框中输入 FTP 地址，用户名和密码框都为空，端口号为 21→单击"连接"按钮；

③ 在 CuteFTP 工作窗口的本地驱动器上选择好目标文件夹，在服务器上选择要下载的文件夹或文件，用鼠标直接拖曳要下载的文件夹或文件到本地目标文件夹即可。

提示：上传文件夹或文件时，在本地驱动器上先选中要上传的文件夹或文件，然后直接拖曳选中的文件夹或文件到 FTP 服务器指定的位置。

6.4　电子邮件服务 E-mail

在 Internet 上发送和接收的信件称为电子邮件（E1ectronic-mail，E-mail）。电子邮件是通过网络邮局进行通信的一种现代通信的方式。用户可以通过电子邮件系统同世界上任何地方的亲戚、朋友、同事、同学进行通信、交流和传递信息、照片等。

6.4.1　使用 Web 收发邮件

1. 申请免费邮箱

启动 Internet Explorer，进入任何一家提供电子邮件服务的网站，进入电子邮箱的申请界面。一般网站的邮箱分为免费和收费两种，收费邮箱空间较大，提供的服务质量也较高，用户可根据自己的需要决定申请免费或收费邮箱。

具体操作步骤如下。

① 打开网站窗口，例如打开搜狐网站窗口。

② 单击"邮箱"→显示注册界面，输入用户名和密码，单击"立即注册"命令按钮，如图 6-12 所示

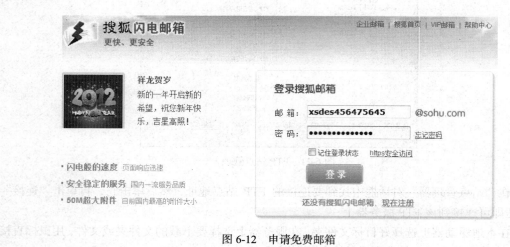

图 6-12　申请免费邮箱

③ 进入个人资料和注册信息填写界面，根据提示输入相应信息。

④ 单击"同意以下协议同意注册"命令按钮。

⑤ 输入您的手机号码，即可完成免费邮箱的申请。各网站采取的注册手段稍有不同，但只要按照向导的提示操作，都能顺利完成申请。

提示： 若用户申请的是收费邮箱，需要支付费用，可以用手机支付，也可以用网上银行支付，请用户慎重决定。

2．使用免费邮箱

各网站提供的邮箱，在操作界面上不尽相同，但基本的功能和操作是一样的，下面就以搜狐邮箱为例介绍收发电子邮件的方法。

常见免费邮箱容量大小如下。

163 免费邮箱：2GB。

126 免费邮箱：3GB。

TOM 免费邮箱：1.5GB。

搜狐邮箱：5GB。

新浪邮箱：2GB。

雅虎免费邮箱：3.5GB。

Hotmail：2GB。

QQ 邮箱：1GB。

收发电子邮件的具体操作如下：

① 打开免费邮箱的网站，例如打开搜狐网站的主页；

② 在窗口的最上面，输入邮箱的用户名和密码→单击"登录"，进入邮箱界面，如图 6-13 所示；

③ 单击"收信"按钮，显示邮箱的信件。单击每封邮件，可以查看其内容；

④ 单击"写信"按钮，输入收件人地址、主题和信件的正文，单击"发送"按钮即可实现；

发邮件的功能；

⑤ 单击"关闭"按钮。

提示：此外还有"垃圾箱"，从"收件箱"删除的邮件都会保存在"垃圾箱"里，供用户以后查看，但它会占用邮箱空间，所以对于没有保存价值的邮件，应从"垃圾箱"删除。

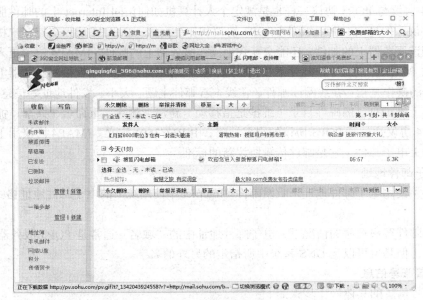

图 6-13　搜狐邮箱窗口

6.4.2　使用客户端软件管理邮件

Internet 上的电子邮件系统采用客户机/服务器的工作模式，主要由邮件客户端软件、邮件服务器软件和电子邮件协议三部分组成。

1. 邮件客户端软件

邮件客户端软件安装在用户计算机上，它提供了与邮件系统友好的图形界面，使得用户在友好的界面下，撰写、阅读、编辑、管理以及发送和接收邮件等，是用户用来收发和管理电子邮件的软件。常用的客户端软件有微软的 OutlookExpress、国产的 Foxmail 等。

使用客户端软件收发邮件的优点如下。

登录时不用先登录网站，安全、速度更快，提供强大的地址簿功能，可方便调用存储的邮箱地址；使用客户端软件收到的和曾经发送过的邮件都保存在自己的计算机中，不用上网就可以对旧邮件进行阅读和管理。正是由于电子邮件客户端软的种种优点，它已经成为了人们工作和生活上进行交流必不可少的工具。

2. 邮件服务器软件

邮件服务器是一台安装邮件服务器的软件，拥有邮件存储空间的专用计算机，具有管理本机所有用户的邮箱功能，负责接收、转发和处理电子邮件等。E-mail 服务器主要充当"邮局"的角色，它除了为用户提供电子邮箱外，还承担着信件的投递业务。

3. 电子邮件传送的协议

电子邮件的发送与接收分别遵循简单邮件传输协议 SMTP（Simple Mail Transfer Protocol）和邮局协议 POP3（Post Office Protocol）。简单邮件传输协议是 Internet 中使用的标准邮件协议，它描述了电子邮件的信息格式及其传递处理方法，主要功能是确保电子邮件在网络中可靠地、有效地传输。POP3 邮局协议，是一种支持从远程电子邮箱中读取电子邮件的协议，只有在用户输入正确的用户名和口令后才接收电子邮件。

➢ POP3 协议和 IMAP4 协议的区别如下。

IMAP4 协议与 POP3 协议一样也是规定个人计算机如何访问 Internet 上的邮件服务器进行收发邮件的协议，但是 IMAP4 协议同 POP3 协议相比更高级。IMAP4 协议支持客户机在线或者离线访问并阅读服务器上的邮件，还能交互式地操作服务器上的邮件。IMAP4 协议更人性化的地方是不需要像 POP3 协议那样把邮件下载到本地，用户可以通过客户端直接对服务器上的邮件进行操作（这里的操作是指：在线阅读邮件、在线查看邮件主题、大小、发件地址等信息）。用户还可以在服务器上维护自己的邮件目录（维护是指移动、新建、删除、重命名、共享、抓取文本等操作）。IMAP4 协议弥补了 POP3 协议的很多缺陷，由 RFC3501 定义。IMAP4 协议用于客户机远程访问服务器上电子邮件，它是邮件传输协议新的标准。

4．电子邮件地址

用户必须使用电子邮件地址来收发邮件。Internet 中使用统一的电子邮件地址格式：用户名@域名。

在使用邮件客户程序的情况下，电子邮件地址中的"域名"通常是 POP3 服务器或 IMAP 服务器的域名，但是也可以是 DNS 系统中所指定的另外的名字。

5．配置账号信息

配置账号信息的具体操作步骤如下：

① 下载并安装 Foxmail 客户端软件；

② 启动 Foxmail 软件，打开 Foxmail 窗口；

③ 单击"工具"菜单中的"账户管理"命令，打开"账户管理"对话框；

④ 在"账户管理"对话框中，单击"服务器"选项卡，设置接收和发送服务器地址，如图 6-14 所示；

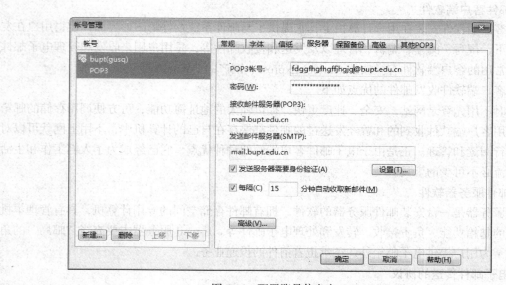

图 6-14　配置账号信息窗口

⑤ 单击"确定"按钮。

6. 创建地址簿和组

几乎所有的邮件客户软件都提供了地址簿功能，可以通过地址簿保存发件人的邮件地址和其他信息。尤其创建地址组非常有用，便于以组为单位转发邮件。

具体操作步骤如下：

① 单击"工具"菜单中的"地址簿"命令→打开"地址簿"对话框；

② 单击"新建联系人"按钮→打开"新建联系人"对话框，输入相关信息。重复此操作可以添加更多人的地址信息；

③ 创建组，单击"新建组"按钮→输入组名→单击"增加"按钮→打开"选择地址"对话框→利用此对话框选择所有需要邮件地址添加到"组"；

④ 单击"确定"按钮。

提示：Foxmail 中"组"功能只能从地址簿已有的电子邮件地址中生成，需要先将收件人的电子邮件地址输入到地址簿中。

7. 使用客户端软件收发电子邮件

在 Foxmail 中收发电子邮件非常简单，具体操作方法如下。

发电子邮件时：

➤ 单击"撰写"按钮即可书写电子邮件内容，在抄送框中可以输入多个人的地址，便于邮件的转发；

➤ 单击"附件"按钮可以添加一个或多个附件；

➤ 单击"插入"按钮可以插入的插图和表格等。

➤ 接收信件时：

➤ 单击"收件箱"按钮即可接收电子邮件，阅读邮件。收发电子邮件窗口如图 6-15 所示。

图 6-15　收发电子邮件窗口

6.5　即 时 通 信

网上聊天是目前相当受欢迎的一项网络服务。人们可以安装聊天工具软件，并通过网络以一定的协议连接到一台或多台专用服务器上进行聊天。在网上，人们利用网上聊天室发送文字等消息与别人进行实时的"对话"。目前，网上聊天除了能传送文本消息外，还能传送图片、语音、视频等信息。正是由于聊天室具有相当好的消息实时传送功能，用户甚至可以在几秒钟内就能看到对方发送过来的消息，同时还可以选择许多个性化的图片和语言动作。另外，在聊天时人人都可以以网上匿名的方式进行聊天，谈话的自由空间非常大。

目前较为流行的聊天软件系统有腾讯 QQ、MSN、Skype、UC 等。

6.5.1 腾讯 QQ 的使用

1. 注册和登录 QQ

注册和登录 QQ 的具体操作如下：

① 从腾讯网下载 QQ 软件并安装；

② 在腾讯官方网站免费申请一个普通的 QQ 号码；

③ 通过 QQ 号就可以成功登录到 QQ 界面了。

2. 添加 QQ 好友

如果用户是刚注册的 QQ 号，必须添加好友才能聊天。

添加好友的具体操作如下：

① 在 QQ 操作界面中单击"查找"按钮，显示"查找/添加好友"对话框；

② 选中"看谁在线"单选按钮，然后单击"查找"按钮则会显示当前在线的 QQ 用户列表，可以单击"全部"链接和"下页"链接查看更多的 QQ 用户；

③ 在列表中选中要添加为好友的用户，然后单击"加为好友"，输入自己的信息，单击"确定"按钮即可。

提示：右键单击好友面板，选中快捷菜单中的"添加组"并命名，然后拖曳好友头像到指定的组中即可实现分组管理好友。

3. 与好友聊天

具体操作如下：

① 添加好友后，双击在线的好友头像就可以和好友聊天了，QQ 聊天工具栏有丰富的表情可供选择，如果是 QQ 会员还可以使用魔法表情。

② 现在使用新版 QQ 客户端，可以轻松地发表一条包含视频的广播，同时也可以直接在客户端播放其他人分享的视频。

6.5.2 使用 QQ 传输文件

① 打开聊天窗口，单击"传文件"按钮，在显示下拉列表中选择"直接发送"选项，显示"打开"对话框，选择要传输的文件，单击"打开"按钮即可。如果对方接收，则开始传送文件。

② 文件传输完成后，会给出提示信息。

提示：在 QQ 聊天窗口，当对方发来文件时，聊天窗口会给出接收提示信息，单击"接收"超级链接，文件被保存在指定的文件夹中。

6.6 搜 索 引 擎

网络是一个广阔的信息海洋，如何快速准确地在网上找到需要的信息很重要。搜索引擎（Search Engine）是一种网上信息检索工具，能帮助用户方便、快速地查询消息、图片、MP3、照片、文件、资料、视频等信息。在 Internet 中，百度和 google 是使用最多的两大搜索引擎。

6.6.1　搜索引擎技术

搜索引擎是一种能够通过网络接受用户的查询指令，并向用户提供符合其查询要求的信息资源网址的系统。它是一些在 Web 中主动搜索信息（网页上的单词和特定的描述内容）并将其自动索引的 Web 网站，其索引内容存储在可供检索的大型数据库中，建立索引和目录服务。一个搜索引擎通常由搜索器、索引器和用户检索界面三部分构成。

1. 搜索器（Searcher）

作为 Web 搜索器的"机器人"被称为"网络蜘蛛"（Spider）。"网络蜘蛛"的功能就是在 Internet 中不断漫游、发现和收集信息。作为一个计算机程序，搜索器日夜不停地运行，尽可能多、快地搜集各种类型的新信息，并定期更新已经搜集过的旧信息，以免出现死链接和无效链接。

搜索器常用分布式、并行计算机技术来实现，以提高信息发现和更新的速度。目前搜索器能处理的信息类型也多种多样，包括 HTML、XML、FTP 文件、newsg roup 文章、Word 等字处理文档、各种图像文件、MP3 音乐文件以及多媒体信息等。根据搜索器的技术原理，一个网站如想提高被搜索引擎在信息搜集时索引到的概率，最直接的办法就是增加自己的外部链接。

2. 索引器（Indexer）

索引器的功能是理解搜索器所搜索的信息，从中抽取出索引项，并生成文档库的索引表。索引项有客观索引和内容索引项两种，其中客观索引项与文档的语意内容无关，如作者名、URL、更新时间、编码、长度、链接流行度（link popularity）等；内容索引项则是用来反映文档内容的，如关键词及其权重、短语、单词等。内容索引项又可分为单索引项和多索引项（或称短语索引项）两种。一个搜索引擎的有效性在很大程度上取决于索引的质量。

3. 用户检索界面（Interface）

用户界面是搜索引擎呈现在用户面前的形象，其作用是接受用户的输入查询、显示查询结果、提供用户相关反馈。为使用户方便、高效地使用搜索引擎检索到有效、及时的信息，用户检索界面的设计和实现采用人机交互的理论及方法，以充分适应人类的思维习惯。

6.6.2　搜索引擎的检索技巧

1. 简单查询

在搜索引擎中输入关键词，然后单击"网页"按钮，系统很快会返回查询结果，这是最简单的查询方法，使用方便，但是查询的结果却不准确，可能包含着许多无用的信息。例如使用"百度"搜索引擎搜索关键字"超级计算机"时，显示结果如图 6-16 所示。

2. 使用双引号（""）

给要查询的关键词加上双引号（半角），可以实现精确的查询。这种方法要求查询结果要精确匹配，不包括演变形式。例如，在搜索引擎的文字框中输入"超级计算机"，它就会返回网页中有"超级计算机"这个关键字的网址，而不会返回其他的网页。

3. 使用加号（+）

在关键词的前面使用加号，也就等于告诉搜索引擎该单词必须出现在搜索结果中的网页上。例如，在搜索引擎中输入"+大型计算机+超级计算机"就表示要查找的内容必须同时包含"大型计算机"和"超级计算机"这两个关键词。

图 6-16 搜索关键字

4. 使用减号（－）

在关键词的前面使用减号，也就意味着在查询结果中不能出现该关键词，例如，在搜索引擎中输入"中央电视台-电视台"，它就表示最后的查询结果中一定不包含"电视台"。

5. 使用通配符（*和?）

通配符包括星号（*）和问号（?），主要用在英文搜索引擎中。星号表示匹配的数量不受限制，问号表示匹配的字符数要受到限制。

6. 使用布尔检索

所谓布尔检索，是指通过标准的布尔逻辑关系来表达关键词与关键词之间逻辑关系的一种查询方法。这种查询方法允许输入多个关键词，各个关键词之间的关系可以用逻辑关系词来表示。

逻辑"与"，用 and 进行连接，表示它所连接的两个词必须同时出现在查询结果中，例如，输入"大型计算机 and 超级计算机"，它要求查询结果中必须同时包含大型计算机和超级计算机。

逻辑"或"，用 or 进行连接，它表示所连接的两个关键词中任意一个出现在查询结果中就可以，例如，输入"大型计算机 or 超级计算机"，就要求查询结果中可以只有大型计算机，或只有超级计算机，或同时包含大型计算机和超级计算机。

逻辑"非"，用 not 进行连接，它表示所连接的两个关键词中应从第一个关键词概念中排除第二个关键词，例如输入"automobile not car"，就要求查询的结果中包含 automobile（汽车），但同时不能包含 car（小汽车）。

7. 使用括号

当两个关键词用另外一种操作符连在一起，而又想把它们列为一组时，就可以对这两个词加上圆括号。

8. 使用高级语法查询

➢ 把搜索范围限定在网页标题中，使用 intitle:标题。

➢ 把搜索范围限定在特定站点中，使用 site:站名域名。

➢ 把搜索范围限定在 url 链接中，使用 inurl:链接。

➢ 精确匹配时，使用双引号" "和书名号<<>>。

➢ 要求搜索结果中同时包含或不含特定查询词，使用"+"和"-"。

> 专业文档搜索时，使用 filetype:文档格式。
> 把搜索范围限定在图片范围，使用 image:图片名。
> link:用于检索链接到某个选定网站的页面。
> URL:用于检索地址中带有某个关键词的网页。

6.7　组建无线局域网和对等局域网

6.7.1　配置无线网络

1. 网络硬件

无线网络的硬件包括几台独立工作的笔记本电脑、无线网卡、网络互连设备无线路由器、双绞线、水晶头、组网需要的工具（如网线钳、测通仪等）、网络入口。

2. 制作双绞线

目前主要用于网络连接的介质是双绞线。双绞线分为屏蔽双绞线和非屏蔽双绞线，如图 6-17 所示。常用的双绞线有五类非屏蔽双绞线和超五类非屏蔽双绞线。五类非屏蔽双绞线（UTP）使用特殊的绝缘材料，最高数据传输速率 100Mbit/s，传输距离 100m。而超五类非屏蔽双绞线（UTP），衰减和干扰更小，最高数据传输速率 155Mbit/s，最大传输距离 130m。

（1）制作直通线（Straight Cable）的方法。

两端 RJ-45 头中的线色排列完全相同的双绞线，称为直通线。直通线通常只适用于计算机到集线器、交换机、路由器设备的连接。

（a）非屏蔽双绞线　　　　　　　　（b）屏蔽双绞线图

图 6-17　双绞线

直通线 T568A：

A 头线色 T568A：白橙、橙、白绿、蓝、白蓝、绿、白棕、棕。

B 头线色 T568A：白橙、橙、白绿、蓝、白蓝、绿、白棕、棕。

注意：双绞线的两端线色排列完全相同，如图 6-18 所示。

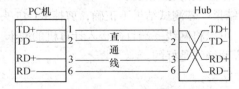

图 6-18　PC 与集线器相连

（2）制作交叉线（Crossover Calble）的方法

当使用双绞线直接连接两台计算机或连接两台交换机时，将双绞线 1、2 与 3、6 对调，制作成交叉线。

A 头线色 T568A：白橙、橙、白绿、蓝、白蓝、绿、白棕、棕。

B 头线色：T568B：白绿、绿、白橙、蓝、白蓝、橙、白棕、棕。

交叉线，如图 6-19 所示。

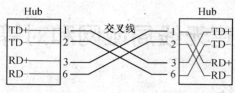

图 6-19　Hub 与 Hub 相连

（3）双绞线的制作过程

① 利用剥线器将双绞线剥去外皮大约 2cm，并将 4 对线成扇状排列，使 8 条芯线按照顺时针从左到右依次为"白橙、橙、白蓝、蓝、白绿、绿、白棕、棕"。

② 将 8 条线并拢后用剥线器剪齐，留出约 14mm 的长度，将排列整齐的双绞线插入 RJ-45 接头中，并放入剥线器对应的槽中，压紧 RJ-45 接头即可。

③ 重复步骤①和②，压好另一端的 RJ-45 接头即可使用。网线钳和测线器如图 6-20 所示。

图 6-20　制作网线工具

（4）双绞线的测试方法

① 使用网线测试仪器对双绞线进行测试。

② 将双绞线的两端 RJ-45 插头分别插到测线仪器端口，打开测试仪器电源开关。

③ 可以从设备的正面板上看到左右各有 10 个灯，这些指示灯对应的是连接网线的线序。如果是对普通五类或超五类双绞线进行测试的话只需要关注前 8 个灯即可。

④ 如果左边右边闪烁顺序相同都是 12345678 的话说明当前测试的网线是直通线并且网线是正常的。如果连接网线后左边主体闪烁到某一个灯时右边没有闪烁则说明问题出在该线序上，中间有断开的现象；如果连接网线后左边主体闪烁到某一个灯时右边有两个灯亮则说明网线在制作时将部分线序损伤，从而造成了搭线问题的发生。

⑤ 观察测试仪器的测试结果，若测试结果不正确，剪掉 RJ-45 头，重新制作。

提示：如果没有测线仪，可以将网线一端直接接入计算机的网卡上，将另一端插入交换机或路由器上，如果能上网，则说明网线是好的。

3. 选择路由器

同其他电子产品一样，市场上充斥着大量质量不同的宽带路由器。由于宽带路由器产品不便在购买现场测试，而且这些设备在网络中又起着举足轻重的作用，所以应购买质量可靠的产品。

常见的宽带路由器品牌有：思科（Cisco-Linksys）、华为 3Com（3Com-Huawei）、网

件（NETGEAR）、普联（TP-LINK）、友讯网络（D-Link）、磊科（NETCORE）、联合金彩虹（UGR）、华硕（ASUS）、中怡数宽（DWnet）、欣向（NuQX）、金浪（KINGNET）、实达（Start）、趋势（TRENDnet）等。

4. 连接无线局域网

一般无 7EBF 宽带路由器有 4 个 LAN 接口，一个 WAN 接口和一个电源开关。

在设置无 7EBF 宽带路由器之前，需要把从网络入口引出的网线与宽带路由器的 WAN 接口相连接。无线局域网，如图 6-21 所示。

图 6-21　无线局域网

5. 设置无线路由器

具体操作步骤如下。

① 首次配置无线网络时，需要用一根网线将无线路由器的 LAN 口和电脑相连，配置成功后就可以拆掉此网线。

② 接通无线宽带路由器的电源→无线宽带路由器经过自检后，便会处在待机状态。

③ 打开笔记本电脑，正常进入桌面，单击任务栏右边的连接"网络"图标→单击"打开网络和共享中心"菜单→单击"本地连接"命令按钮→单击"属性"命令按钮→双击"TCP/IPV4"选项，打开"Internet 协议"对话框，如图 6-22 所示。将笔记本的 IP 地址、DNS 地址都改成自动获取，如图 6-22 所示。

提示：目前大部分的宽带路由器在默认情况下都开启了 DHCP 功能，在电脑正常启动后，就可以自动获得 IP 地址，如果电脑事先设置过 IP 地址，需要将 TCP/IP 设置为自动获取 IP 地址，否则有时会无法登录宽带路由器。

④ 通过浏览器对无线路由进行设置。启动浏览器→直接输入路由器的地址 http://192.168.1.1。访问成功后→系统会提示用户输入路由器默认的用户名和密码。目前，绝大多数路由器的用户名是 admin，密码是 admin（查阅路由器的说明书）→单击"确定"按钮进入路由器设置窗口。

⑤ 在路由器设置窗口，单击"设置向导"→选择 ISP 服务商提供的上网方式→单击"下一步"按钮→输入上网账号和密码→单击"下一步"按钮→设置完成后重启无线路由器。

提示：由于品牌路由器不同，设置界面也有所不同。

⑥ 无线网络基本配置。单击"无线设置"菜单中的"基本设置"选项，配置路由器无线网络的基本参数，在"SSID"文本框中输入路由器的名字，用于在搜索无线网络时显示的路由器的名称，例如输入 FAST-C58B18，可以根据自己的喜好更改，方便搜索使用，如图 6-23 所示。

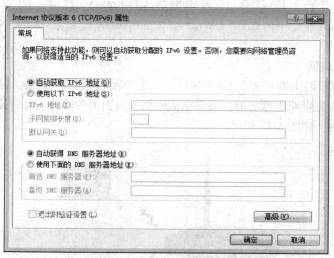

图 6-22 "TCP/IP"属性对话框

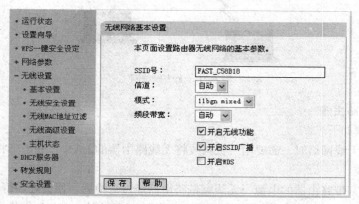

图 6-23 无线网络基本设置对话框

⑦ 无线网络安全配置。单击"无线设置"中的"无线安全设置"选项，为了确保用户无线网不被他人随意使用，需要设置无线网络的密码。其余设置选项可以根据系统默认，无需更改，但是在网络安全设置项必须设置密钥，单击"下一步"按钮即可完成无线网络安全设置，如图 6-24所示。

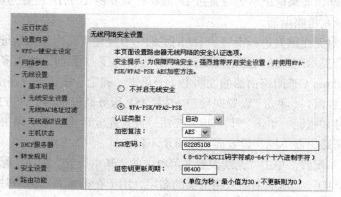

图 6-24 无线网络安全设置对话框

6. 连接无线网络

将笔记本电脑连接至现有的无线网络时，Windows 7 可以让笔记本电脑轻松连接到网络，具体操作如下：

① 单击屏幕右下方的网络图标 📶，则将弹出可用的无线网络连接的对话框，如图 6-25 所示；

② 在对话框中选择设置的无线网络，并单击"连接"按钮；

③ 由于设置了安全密码，因此，需要输入正确的安全密码，单击"确定"按钮即可连接成功。

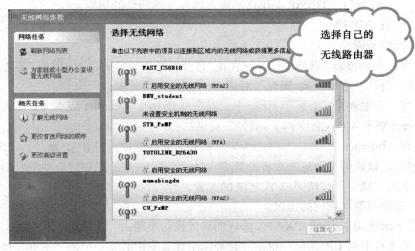

图 6-25　无线网络连接的对话框

6.7.2　组建对等局域网

在对等式局域网结构中，没有专用服务器，每台笔记本电脑既可以起到客户机的作用，也可以起到服务器的作用，所有的笔记本电脑均可以互相访问，共享彼此的资源。

1. 网络硬件

几台独立工作的笔记本电脑、网络互连设备交换机、双绞线、水晶头、网卡、组网需要的工具（如网线钳、测通仪等）。例如，组建一个由 4 台笔记本电脑、交换机组成的局域网。

2. 网络结构

首先要安装好网卡和网卡驱动程序。采用以双绞线为传输介质的星型结构。

连接方式：以交换机为网络的中心结点，所有的笔记本电脑用双绞线通过两端的水晶头（RJ－45 连接器）与交换机相连，建成对等局域网的结构，如图 6-26 所示。

图 6-26　对等局域网结构

3. 安装网络组件和网络协议

网络组件包括：客户、适配器、服务和通信协议。在安装 Windows 7 时会自动安装下列网络组件和网络协议。

➢ 客户：用户必须安装网络客户端软件，否则不能共享网络上的任何资源。

➢ 适配器：将计算机和网络连接起来的设备，属于即插即用设备。

➢ 服务：Microsoft 的文件和打印机服务。

➢ 通信协议： TCP/IP 提供迅速连入国际互连网络的功能。

（1）配置 TCP/IP

具体操作步骤：

① 单击右下角的"网络"图标→单击"打开网络和共享中心"→单击"本地连接"→单击"属性"按钮→打开"本地连接 属性"对话框，如图 6-27 所示；

② 在"本地连接 属性"对话框中，双击列表中的"Internet 版本 4（TCP/IPV4）"选项→打开"Internet 版本 4（TCP/IPV4） 属性"对话框；

③ 在"Internet 版本 4（TCP/IPV4） 属性"对话框中，设置 IP 地址、子网掩码地址、DNS服务器地址、默认网关地址。或者设置成"自动获取 IP 地址"和"自动获取 DNS 服务器地址"；

④ 单击"确定"按钮完成 TCP/IP 的配置。

（2）安装对等局域网的协议

安装 NetBEUI 协议和 IPX/SPX 协议的具体操作步骤：

① 单击右下角上网图标→单击"打开网络和共享中心"→单击"本地连接"→单击"属性"按钮→打开"本地连接"属性对话框，如图 6-27 所示；

② 在对话框中，单击"安装"按钮→打开"选择网络功能类型"对话框→选择"协议"项→单击"添加"按钮，分别安装"Microsoft"协议和"NetBEUI"协议，也可以选择从磁盘安装"Microsoft"协议和"NetBEUI"协议。

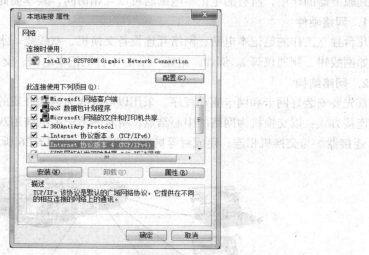

图 6-27 "本地连接 属性"对话框

4. 设置工作组和计算机名

对等局域网中的电脑都必须具备相同的工作组和不同的计算机名。这样，在对等网中的各台电脑就可以看到彼此的计算机名，并且可以选择需要访问的计算机，获得需要共享的资源。

具体操作步骤：

① 单击"开始"按钮→使用鼠标右键单击"计算机"→选择快捷菜单中的"属性"，打开"属性"窗；

② 单击"更改设置"按钮→修改计算机名、选择"工作组"并输入工作组名→单击"确定"按钮即可，如图 6-28 所示。

图 6-28　修改计算机名和工作组名对话框

5．设置共享网络资源

局域网创建完成后，就可以创建不同的文件夹共享，以实现不同电脑间的文件资源共享。

对等网中各电脑自己控制对其他计算机的共享资源。只有设置为具有"共享"属性的资源（文件夹、打印机等）才可以被对等局域网中的其他计算机所共享。

（1）高级共享设置

如果要在局域网中共享网络资源，例如共享文件夹、磁盘、打印机等，首先要进行共享设置，只有启用了相应的选项才能实现相应的功能。

具体操作步骤：

① 单击右下角的"网络"图标→单击"打开网络和共享中心"项→打开"打开网络和共享中心"窗口；

② 在"打开网络和共享中心"窗口中→单击左侧的"更改高级共享设置"超链接，打开"高级共享设置"窗口，如图 6-29 所示；

③ 在"网络发现"栏中选中"启用网络发现"单选按钮→在"文件和打印机共享"中选中"启用文件和打印机共享"单选按钮；

④ 单击"保存修改"按钮，返回"网络和共享中心"窗口，完成高级共享设置。

（2）共享文件夹

具体操作步骤：

① 使用鼠标右键单击要共享的对象→选中快捷菜单中的"共享/特定用户"命令，打开"文件共享"窗口；

② 在"文件共享"窗口中，单击文件框旁边的下拉列表按钮，从下拉列表中选择一个用户，例如选择"特定用户"中的 Everyone 用户→单击"添加"按钮，如图 6-30 所示；

③ 单击"权限级别"下拉列表按钮，从弹出的下拉列表中选择访问权限，单击"共享"按钮；

④ 设置完成后，会给出文件夹已共享提示窗口，单击"完成"按钮关闭窗口；

⑤ 设置共享文件夹后，在其他电脑中就可以访问所共享的文件夹了，打开"网络"窗口，双击目标主机的图标，如果设置了密码权限，则输入正确的用户名和密码，单击"确定"按钮才可以访问共享文件夹。

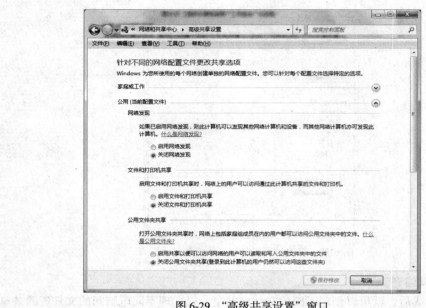

图 6-29 "高级共享设置"窗口

图 6-30 "文件共享"对话框

取消共享文件夹的具体操作步骤：

① 使用鼠标右键单击共享文件夹→选择快捷菜单中的"属性"命令→打开"属性"对话框；

② 在"属性"对话框中选择"共享"选项卡，单击"高级共享"按钮，打开"高级共享"对话框；

③ 在"高级共享"对话框中选择取消"共享此文件夹"复选框，依次单击"应用"和"确定"按钮返回文件夹属性对话框，关闭该对话框即可。

（3）共享打印机

当局域网内有多台电脑要共享一台打印机时，设置共享打印机就是一种很好的解决方式。

具体操作步骤：

① 打开"控制面板"窗口→单击"硬件和声音"选项，打开"硬件和声音"窗口；

② 在"硬件和声音"窗口中选择"设备和打印机"超链接→打开"设备和打印机"窗口，如果电脑上安装了打印机，则在"打印机和传真"栏中会显示本机上安装的所有打印机；

③ 使用鼠标右键单击要共享的打印机，选择快捷菜单中的"打印机属性"命令，打开"打印机属性"窗口；

④ 选择"共享"选项卡，选中"共享这台打印机"复选框，并在"共享名"文本框中输入共享打印机的名称；

⑤ 单击"完成"按钮完成设置。

设置完共享打印机，在局域网的其他电脑中便可添加并使用了。

具体操作步骤：

① 在局域网的其他电脑中选择"网络"选项，并选择已经共享的打印机，在弹出的"Windows 安全"对话框中，输入该主机的登录账号和密码；

② 单击该主机所共享的打印机，选择后系统就会自动搜索网络中的共享打印机，下载并安装驱动程序；

③ 安装打印机驱动程序后，打开成功添加界面，单击"下一步"按钮，单击"确定"按钮即可。

（4）映射网络驱动器

映射网络驱动器就是将网络中某台电脑的驱动器的快捷图标创建在自己的电脑中，使用时就像使用自己的驱动器一样方便。

具体操作步骤：

① 使用鼠标右键单击"计算机"→快捷菜单中选择"映射网络驱动器"命令，打开"映射网络驱动器"对话框，如图 6-31 所示；

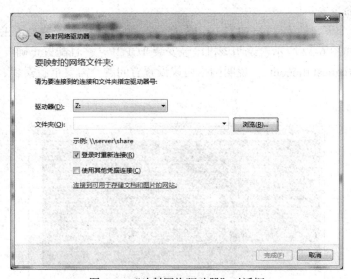

图 6-31 "映射网络驱动器"对话框

② 在"映射网络驱动器"对话框中，单击"浏览"按钮选择要映射的网络文件夹或直接按照提示输入要映射的网络文件夹，单击"完成"按钮即可。

提示：若要取消映射网络驱动器，在需要映射的目标计算机上单击鼠标右键，选择快捷菜单中的"取消映射网络驱动器"命令即可取消映射。

6.8 网络故障诊断与恢复

6.8.1 使用 Windows 7 自带诊断程序

使用 Windows 7 自带诊断程序的具体操作如下。

① 单击任务栏右侧的连网图标→单击"疑难问题"按钮→打开"疑难问题"窗口。

② 在"疑难问题"窗口的列表中选择网络故障类型。

③ 系统开始诊断故障，检查到问题，显示诊断结果。

6.8.2 使用 ping 命令判断故障

1. 使用 ping 命令判断本机网卡问题

计算机不能上网的原因有系统的 IP 设置有问题、网卡损坏、MODEM 损坏和线路故障。排除硬件及线路的故障问题，可以利用 ping 命令来快速检测网络故障。

（1）TCP/IP 协议配置的问题

使用本地循环地址 127.0.0.1 判断故障，如果使用"ping127.0.01 地址"命令成功，则说明客户计算机上已经安装了 TCP/IP，并且配置正确；如果无法 ping 通，则表明本地计算机 TCP/IP 不能正常工作。

具体操作如下。

① 单击"5F00 始"按钮→单击"所有程序"菜单→单击"附件"菜单中的"命令提示符"命令，打开 DOS 命令窗口。

② 在 DOS 命令下，输入"ping 127.0.0.1"命令，测试 TCP/IP 安装是否正常。

③ 测试结果如图 6-32 所示，说明该机已经安装 TCP/IP，并且配置正确。

如果显示："Request tlmeout"，说明网络协议设置有问题，需要重新安装、配置 TCP/IP 或更换网卡。

（2）网卡故障

图 6-32　ping 127.0.0.1 的执行结果

如果上面能 ping 通 IP 的话，接下来可以输入"ipconfig"命令来查看本机的 IP 地址，如图 6-33 所示，然后使用"ping 本机 IP 地址"命令检测故障，若通则表明网络适配器（网卡或 MODEM）工作正常，不通则表明网络适配器出现故障。

图 6-33　使用 ipconfig 命令获取 IP 地址

（3）网线或硬件设备的故障

使用"ping 一台同网段计算机的 IP"命令进行检测，若不通则表明网络线路出现故障或交换机端口故障。若网络中还包含有路由器，则应先 ping 路由器在本网段端口的 IP，不通则此段线路有问题；通则再 ping 路由器在目标计算机所在网段的端口 IP，不通则是路由器出现故障；通则再 ping 目的机 IP 地址。

通过以上操作后，可轻而易举判断网络的故障原因。另外，如果想检测网络的连接情况，还可以在 ping 的地址后面加上"-t"参数，这样可不断地进行 ping 的连接，可反映网络的连接状况，是否存在丢包的现象。

6.9　实　验　目　的

➢　掌握 IE 浏览器的功能。

➢　掌握 CuteFTP 软件的使用。

➢　学会使用客户端软件收发、管理邮件。

➢　掌握组建网络的方法。

➢　掌握判断简单网络故障的方法。

6.9.1　实验内容和要求

1．组建一个宿舍局域网

（1）硬件部分包括双绞线、笔记本电脑和路由器。

（2）学生自愿结合，6 人一组。

（3）两人完成一份实验报告，写出配置过程，总结收获和体会。

2．使用 CuteFTP 软件下载学生活动的照片

（1）使用 Serv-U 服务器端软件配置一台 FTP 服务器。

（2）学生可以从该服务器下载或上传文件。

（3）学生自愿结合，6 人一组。

（4）两人完成一份实验报告，写出配置过程、使用技巧，总结收获和体会。

3. 使用客户端软件收发、管理邮件

（1）下载一个客户端软件，用于收发、管理邮件。

（2）学生自愿结合，6 人一组。

（3）两人完成一份实验报告，写出配置过程、使用技巧，总结收获和体会。

4. 总结目前好用的浏览器的优缺点

5. 练习制作双绞线

（1）学生自愿结合，6 人一组。

（2）每组交一根直通线和交叉线。

6. 使用 ping 命令

写出使用 ping 命令检测网络故障的报告。

6.9.2　实验报告要求

（1）提交一份电子文档报告，其文件名为：两位小班班号+两位小班学号+姓名+实验#。

（2）电子文档内容要求

  ① 上机题目、结果（配置过程，附上主要窗口截图）；

  ② 实验总结（要求：100～200 字）。

（3）在规定时间内将实验报告上传到指定的服务器上。

第7章
图像处理软件 Photoshop CS4

本章学习重点

➢ 了解 Photoshop 的功能。

➢ 掌握 Photoshop 工具的使用。

➢ 掌握图像处理的技术。

➢ 掌握图像组合的方法。

7.1 认识 Photoshop

Photoshop 是美国 Adobe 公司在 20 世纪 80 年代末推出的图形设计与制作工具，是目前 PC 上公认的最好的通用平面美术设计软件，集图像创作、扫描、修改、合成以及高品质分色输出等功能于一体的工具软件。它具有 3 项主要的功能，包括照片编辑、图像组合、绘画。几乎所有的广告、出版、软件公司，Photoshop 都是首选的平面设计工具。Photoshop 可以对多种点阵图像进行处理，这些图像可以由 Photoshop 直接创建，也可使用 Photoshop 软件本身附带的一些图像、光盘图库中的图像、网上下载的图片、数码照相机拍摄的图像，或由其他矢量绘图软件创建的矢量图形转换成的点阵图像，还可以引入用扫描仪扫描的图像，用视频设备捕捉的图像等。Photoshop 采用一种层次的方式对图像进行处理，处理的结果可以合并成一幅完美的图像。

Photoshop 功能

（1）图像编辑。图像编辑是图像处理的基础，可以对图像做各种变换，如放大、缩小、旋转、倾斜、镜像、透视等，也可进行复制、去除斑点、修补、修饰图像的残损等。

（2）图像合成。图像合成是将几幅图像通过图层操作、工具应用合成完整的、传达明确意义的图像，这是美术设计的必经之路。

（3）校色调色。校色调色是 Photoshop 强大的功能之一，可方便快捷地对图像的颜色进行明暗、色偏的调整和校正，也可在不同颜色进行切换以满足图像在不同领域如网页设计、印刷、多媒体等方面的应用。

（4）特效制作。特效制作在 Photoshop 中主要由滤镜、通道及工具综合应用完成，包括图像的特效创意和特效字的制作，如油画、浮雕、石膏画、素描等常用的传统美术技巧都可以由 Photoshop 特效完成。

7.1.1 Photoshop 工作窗口

Photoshop CS4 工作窗口按其功能可分为快捷工具栏、菜单栏、属性栏、工具箱、控制面板和工作区等几部分，如图 7-1 所示。下面介绍一下各部分的功能和作用。

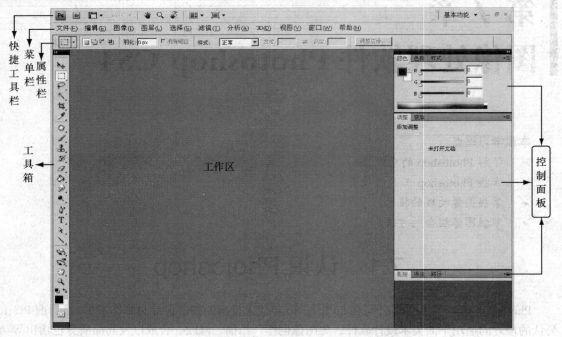

图 7-1　Photoshop CS4 工作窗口

1. 快捷工具栏

Photoshop CS4 重新设计了工作界面，去掉了 Windwos 本身的"蓝条"，而直接以快捷工具栏代替，位于工作界面的最上方。快捷工具栏中的工具主要用于快速调整桌面布局及显示方式。另外，在 PhotoshopCS4 中打开多个图像文件后，会以选项卡方式来显示，因此还多出了一个排列文档工具，它可以快速控制多个文件在工作区中的排列方式。

2. 菜单栏

菜单栏位于快捷工具栏的下方，菜单栏包括 File（文件）、Edit（编辑）、Image（图像）、Select（选择）、Filter（滤镜）、View（视图）、Window（窗口）、Help（帮助）等 9 个菜单项。单击任意一个菜单，将会显示下拉菜单，其中又包含若干个子命令，选择任意一个子命令即可实现相应的操作。每个菜单项的功能描述如下。

（1）文件

允许用户进行新建文件、打开、保存、导入、导出、关闭文件等操作，还可以进行页面设置和打印等。

（2）编辑

允许撤销和恢复最近操作，对图像进行剪切、复制、多层复制、粘贴、清除，对选定区域进行描边、旋转和伸缩等操作。

（3）图像

允许选择图像颜色模型，调整图像层次、对比度和色彩变化；复制和混合图像，改变图像尺寸和旋转图像等。

（4）图层

允许建立新层或通过剪切、复制建立新层，可以复制或者删除当前层，修改当前层和调节层的叠放次序，合并层等操作。

（5）选择

允许用户选择全部图像，取消选择区域，选择区域和非选择区域互换，设置选择区域，改变选择区域、进行羽化等操作。

（6）滤镜

允许使用不同滤镜命令来完成各种特殊效果。

（7）分析

让用户详细了解图片的信息，以便更好地处理图像。

（8）3D

需要安装 Photoshop Extended，来实现图片的 3D 效果。

（9）视图

允许用户为当前图像打开一个新的视图，显示隐藏边界、路径、标尺、网格、辅助线等。

（10）窗口

允许将窗口层叠或者平铺，排列图标，关闭所有窗口，显示或隐藏工具箱、状态栏和各种调色板等。

（11）帮助

查询系统的帮助信息、版本信息等。

3．属性栏

属性栏显示工具箱中当前选择工具按钮的参数和选项设置。在工具箱中选择不同的工具按钮，属性栏中显示的选项和参数也各不相同。

4．工具箱

工具箱中包含各种图形绘制和图像处理工具，如对图像进行选择、移动、绘制、编辑和查看的工具，在图像中输入文字的工具、3D 变换工具以及更改前景色和背景色的工具等。

进入 Photoshop 时，工具箱一般出现在工作区的左侧，用户可以使用鼠标按住工具箱的标题栏，将工具箱拖曳到屏幕的任何其他位置。当鼠标指在某个工具上不动时，Photoshop 会即时显示一条信息，提供当前所指工具的英文名称和快捷键。工具箱中有一些工具的右下角有一个右箭头符号，表示该工具中还隐藏着一些同类的工具。只要将鼠标在其上按住 2~3s，即可出现隐藏的工具，用鼠标单击即可选中。完全展开的工具箱，如图 7-2 所示。

（1）选择工具：用于在被编辑的图像中或者单独的层中选择各种规则的区域，包含矩形选择工具、椭圆选择工具、单行选择工具和单列选择工具，如图 7-3 所示。

（2）移动工具：将某层中的全部图像或选择区域移动到指定的位置。按住 Shift 键拖曳可以沿 45 度角拖曳，按住 Alt 键，可以将选择区域复制，然后移走复制后的区域，如图 7-3 所示。

（3）套索工具：用于在图像中或单独的层中，以自由手控方式进行选择，可以选择不规则的形状，常用于选择一些无规则，外形极其复杂的图像，如图 7-3 所示。

（4）魔术棒工具：用于在图像或单独的层上单击图像的某个点时，附近与它颜色相同或相近的点都自动溶入到选择的区域中，如图 7-3 所示。

（5）裁剪工具：用于切除选择区域以外的部分，可以重新设置图像的大小。

（6）喷枪工具：用于在图像或选择区域内模拟喷枪的效果进行着色。

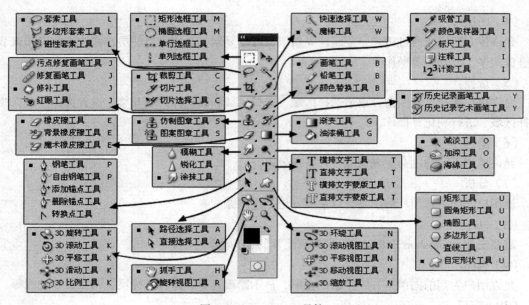

图 7-2　Photoshop 工具箱

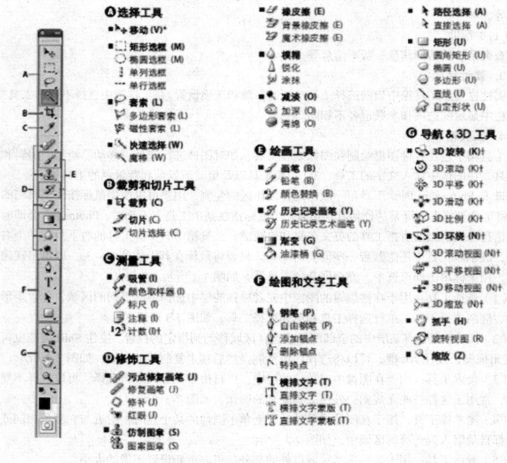

图 7-3　工具箱概览

（7）画笔工具：用毛笔的方式在图像或选择区域内绘制图像。

（8）橡皮擦工具：将在背景图像或者选择区域内用背景色擦除部分图像。

（9）铅笔工具：用于在当前层的图像或者选择区域上模拟铅笔进行绘画，制作出一种自由手绘的硬性边缘线的效果。

（10）橡皮图章工具：以某指定区域或像素为样本，将其复制到任何地方。

（11）涂污工具：可以制作出一种被水抹过的效果，即创建一种水彩画的效果。

（12）模糊工具：通过将突出的色彩打散，以使得僵硬的边界变柔和，颜色过渡变平缓，起到一种模糊图像的效果。

（13）亮化工具：传统的暗室工具，通过让图像或者选择区域变亮来校正曝光。

（14）文本工具：用于向图像中添加文字。

（15）线条工具：用于在图像或选择区域中画直线。

（16）渐变工具：用于在画面或选择区域内进行色阶着色，形成一种渐变的颜色方式。

（17）漆桶工具：用于在图像或者选择区域内，对指定容差范围内的色彩区域进行着色或图案填充。

（18）吸管工具：用于在图像或调色板中吸取颜色到色彩控制栏中。

（19）徒手工具：用来移动图像或选定区域到指定位置，如果图像由多层组成，也可以移动某一层的全部对象。

（20）缩放工具：用于对图像进行放大或缩小观察，单击鼠标左键为放大，按住 Alt 键单击鼠标左键时为缩小。

（21）颜色控制工具：用来设定前景色和背景色。单击色彩控制框即出现颜色选定对话框，从中可以选择颜色。单击右上角的快换标志可以使前景色和背景色互换。单击左下角的初始化标志可以将前景色和背景色恢复到黑与白的初始状态。

（22）模式工具：由两个按钮组成。左边为标准模式，使用户脱离快速屏蔽模式；右边为快速屏蔽模式，允许创建、观察及编辑一个选择区域。

（23）屏幕显示工具：由 3 个按钮组成。左边按钮表示标准窗口，即正常显示模式；中间按钮使窗口增大并且占据所有的视频屏幕；右边按钮使窗口占满全屏，并且将菜单一起屏蔽。

5．控制面板

在 Photoshop CS4 中共提供了 23 种控制面板。利用这些控制面板可以对当前图像的色彩、大小显示、样式以及相关的操作等进行设置和控制。

6．工作区

工作区是指 Photoshop CS4 工作界面中的大片灰色区域，打开的图像文件将显示在工作区内。在实际工作过程中，为了获得较大的空间来显示图像，可以将属性栏、工具箱和控制面板隐藏，以便将它们所占的空间用于图像窗口的显示。按 Tab 键，即可将属性栏、工具箱和控制面板同时隐藏；再次按 Tab 键，可以使它们重新显示出来。

7.1.2　Photoshop 提供的操作

Photoshop CS4 提供的主要操作有照片编辑、图像组合和绘画等，如图 7-4 所示。

7.2　常用选取工具

对图像进行操作之前，选取要操作的区域是非常必要的，下面介绍图像处理中怎样选择被处理的图像范围区域（或称为处理目标），包含制作矩形和椭圆形选择区域、制作不规则区域、选择区域调整、裁切图像等 4 种方法。

图 7-4　Photoshop CS4 提供的主要操作

7.2.1　制作矩形和椭圆形选择区域

矩形选择工具可制作出矩形选择区，在工具箱中选择该工具后，将鼠标移动到图像区，按下十字光标并移动，会出现一个虚线框，松开鼠标，以起点到终点为对角线浮动虚线范围内就是制作的矩形选择区。如果需要精确制作选区，可借助"信息"调板来定位起点与终点的坐标位置。椭圆形选择工具与矩形选择工具使用方法相同，两者的唯一区别就是制作出的选区形状一个为矩形，而另一个为椭圆形。

7.2.2　选择不规则区域

1．使用套索工具

➤ 使用自由套索工具：自由套索工具可以在图像中手动制作出不规则形状区。

➤ 使用多边形套索工具：多边形套索工具可以手动制作出多边形选择区。

➤ 使用磁性套索工具：磁性套索可以紧贴图像反差明显的边缘自动制作复杂选择区，与以上两个套索工具的区别就是选区是沿鼠标经过的区域自动产生的，而且制作出的选区曲线比较平滑。该工具最适于选择与背景反差比较明显的图像区。

除了在使用前设置消除锯齿选项和羽化参数值外，还可设置磁性套索工具的特有选项，其参数设置如下。

➤ 宽度：用来指定光标所能探测的宽度，取值范围为 1~40 像素。

➤ 频率：用来指定套索定位点出现的多少，值越大定位点越多，取值范围为 0~100，但定位点太多会使选择区不平滑。

➤ 边对比度：用来指定工具对选区对象边缘的灵敏度。较高的值适用于探测与周围强烈对比的边缘，较低的值适用于探测低对比度的边缘，取值范围为 1%~100%。

提示：在边缘比较明显的图像上选择时，可将套索宽度值和边对比度值设大一些；相反，在边缘反差较小的图像上选择时，可将以上两值设小一些，这样将有利于精确选择。

2．使用魔棒工具

魔棒工具的特点是能在图像中，根据魔棒所单击位置的像素的颜色值，选择出与该颜色近似的颜色区域，该工具最适于选择形状复杂但颜色相近的图像区。在工具选项栏的容差框中可输入0~255 的数值，该值代表所要选择的色彩范围，值越小，与所单击的点的颜色越近似的颜色范围将被选择；值越大，与所单击的点的颜色差别较大的颜色范围也会被选择。而取消连续的选项，不仅选择与所单击的点相邻的颜色区，还会将图像中符合条件的不相邻的颜色区选择。

7.2.3　选择区域调整

1．设置消除锯齿

在选择工具的参数选项栏中，默认地选中消除锯齿选项，可以使选择区的锯齿状边缘得以平滑。

2．羽化设置

选择框类工具和套索类工具都有羽化参数设置框。羽化值也称为羽化半径，用来控制选择区边缘的柔化程度，当羽化值为 0 时，选择出的图像边缘清晰，羽化值越大，选区边缘越模糊。因此，在制作选择区前，视选择区的大小和需要柔化图像边缘的程度来定义羽化值。

3．选择制作选区的工作模式

所有选择工具都有工作模式选择按钮，默认模式是新选区模式。

4．调整选择区的位置

使用移动工具或者调整选择区的位置。

5．使用选择菜单调整选区

很多情况下，当制作的选区尤其是复杂选区的大小、角度需要整体进一步调整时，使用选择菜单命令可得到更精确的选区。

7.2.4　裁切图像

借助裁切工具可裁切图像。裁切工具是一种特殊的选择工具，使用裁切工具可以裁切图像。另外，对创建了矩形选区的图像单击"图像"菜单中的"裁切"命令，也可以对图像进行裁切，此时会弹出对话框询问是将选区外区域删除还是隐藏。

7.3　Photoshop 实例制作

7.3.1　利用蒙版合成图像

实际工作中经常使用"蒙版"的功能来合成图像。这是因为不但可以随时修改"蒙版"的形状，同时可以方便地设置图层各个区域的不透明度，利用蒙版中灰度图像的色深渐变，还能达到多个图像的无接缝合成效果。

具体操作如下：

① 单击"文件"菜单的"打开"命令，打开两张图片，如图 7-5 所示；

② 在菜单栏中的"选择"菜单中的"全选"命令，将宠物图像全部选择。在工具栏中选择 工具，将宠物图像拖曳到风景图像中，如图 7-6 所示；

③ 在"图层"面板下单击 ▣ 按钮，为宠物图像添加图层蒙版，观察到任务右侧出现了蒙版的示意窗口，如图 7-7 所示；

④ 在工具栏中选择 ▦（渐变工具），设置由白至黑的渐变效果，填充方式设置为"径向渐变"；

⑤ 在宠物图像中由中心向外拖曳鼠标，观察到宠物图像中心的部分为不透明状态，向外逐渐过渡为透明状态，此时在"图层"面板蒙版示意窗口中观察到渐变色的填充情况，如图 7-8 所示；

图 7-5　两张图片

图 7-6　两张图片叠在一起

图 7-7　图层面板

⑥ 将渐变色的填充方式设置为"线性渐变"，在宠物图像中由上至下拖曳鼠标，观察到宠物图层的上半部分为不透明状态，向下逐渐过渡为透明状态，如图 7-9 所示；

⑦ 在工具栏中选择 ✐ 工具，将前景色设置为白色，在选项栏中设置"流量"为 30%，在宠物视图中拖曳示进行绘制，观察所绘制区域的宠物图像的不透明度明显增加了，同时在"图层"面板的蒙版示意窗口可以观察到画笔修改后的效果，如图 7-9 所示；

图 7-8　设置面板及渐变色的填充效果

⑧ 在工具栏中选择 ✐ 工具，继续修改宠物图层各区域的不透明度，满意后再蒙版示意窗口中单击鼠标右键，在弹出的快捷菜单中选择"应用图层蒙版"命令；

⑨ 此操作后图层蒙版的示意窗口消失，但蒙版效果已经作用在图层的图像上，如图 7-10 所示。

图 7-9　透明状态　　　　　　　　　　　　　　　　图 7-10　最终效果图

7.3.2　滤镜的使用

滤镜是 Photoshop 中最神奇的工具，其中液化滤镜可以使图像产生强烈的变形、扭曲效果。本例使用"液化"滤镜对一块钟表进行扭曲，展示出钟表弯了的效果。

具体操作步骤如下：

① 启动 Photoshop，打开素材；

② 在工具栏中选择 ✎ 工具，选择钟表的背景区域，在菜单栏中执行"选择"菜单中的"反选"命令，即可将钟表选择，在工具栏中选择 ➤╋ 工具，将钟表拖曳到圆桌边上，如图 7-11 所示；

③ 在菜单栏中选择"编辑"菜单中的"自由变换"命令，在钟表周围出现变换控制框后，在图像中单击鼠标右键，显示快捷菜单后选择"扭曲"命令；

④ 拖曳变换控制框四角的控制手柄使钟表扭曲，变换满意后按下回车键，如图 7-12 所示；

⑤ 在工具栏中选择 ➤╋ 工具，按住 Alt 键不放，反复交替地按向上方向键和向右方向键各 6 次，这样可以使钟表图层多次重复，并且每复制一个图像即向上或向右移动一个像素，从而使钟表产生厚度效果；

⑥ 将钟表的所有图层合并为一个图层，在菜单栏中执行"编辑"菜单中的"变换"下面的"扭曲"命令，对钟表图形进行变换，使其产生平放在桌面上的透视效果，如图 7-13 所示；

图 7-11　扭曲前钟表的样子

图 7-12　扭曲后钟表的样子

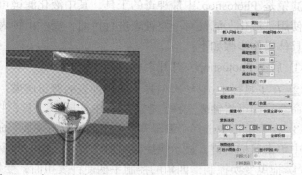

图 7-13　产生透视效果

⑦ 在菜单栏中执行"滤镜"菜单中的"液化"命令，打开"液化"对话框，在"画笔大小"栏内设置合适的笔头大小，在视图内拖曳鼠标使钟表产生变形，如图 7-14 所示；

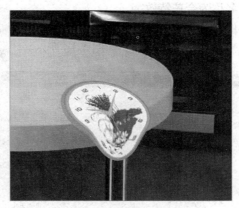

图 7-14 钟表产生扭曲变形的效果

⑧ 调整满意后单击"确认"按钮即可；

⑨ 制作钟表在桌面上的阴影，复制"液化"后的钟表图层，选择下层的钟表图案，在菜单栏中执行"图像"菜单中的"调整"下面的"亮度/对比度"命令，使黑色图层产生模糊效果，再次执行"图像"菜单中的"调整"下面的"亮度/对比度"命令，进一步使该区域的图层模糊，如图7-15 所示；

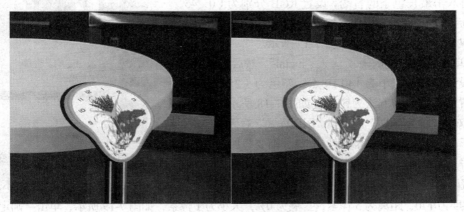

图 7-15 在桌面留下阴影效果

⑩ 在"图层"面板中，将黑色涂层的不透明度设为 60 %，这样就制作完成柔软的钟表在桌面上留下阴影的效果。

7.3.3 制作金芒特效字

本例属于 Photoshop 的基础操作，主要对图层中的图层样式和图层样式的各种效果进行详细讲解，可应用的效果样式有投影效果、内阴影、斜面和浮雕、光泽、渐变叠加、描边选项等，灵活调节图层样式里面的各个参数及选项，使作品达到特殊的效果。以制作金芒特效字为例介绍图层样式的功能。

可以把图层想象成是一张一张叠起来的透明胶片，每张透明胶片上都有不同的画面，改变图层的顺序和属性可以改变图像的最后效果。

具体操作步骤如下。

① 启动 Photoshop，选择"文件"菜单中的"新建"命令，或者按【Ctrl】+【N】组合键打

开"新建"对话框,设置其名称为金芒特效字。

② 新建一个 800×600 像素的文档,背景为白色,"分辨率"为 72 ,"模式"为 RGB 颜色的文档,设置特效字画布的尺寸和分辨率对话框,如图 7-16 所示。

图 7-16 画布的尺寸及分辨率

③ 选择工具箱渐变工具,在工具选项栏中设置为径向渐变,然后单击"可编辑渐变"按钮,显示渐变编辑器。双击最长色条的左端,设置色彩 RGB 分别为(29,135,166)。再双击最长色条的右端,设置 RGB 分别为(0,45,50),然后单击"确定"按钮;然后从白色底版的中心处向外拖曳鼠标,其画布的效果如图 7-17 所示。

④ 单击工具箱中的 **T**,输入"metal",然后在工具选项栏上设置字体的大小为 140.10 点,颜色为(255,215,0),设置消除锯齿的方法为锐利,如图 7-18 所示。

⑤ 双击"文字图层"进入到"图层样式"对话框,分别勾选投影、内阴影、斜面和浮雕、光泽、渐变叠加、描边选项。双击"文字图层"进入到"图层样式"对话框,勾选投

图 7-17 设置画布为渐变效果

影,设置阴影混合模式为正片叠加,单击色标处,阴影颜色设置为深绿色(0,100,0),不透明度为 85%,角度为 120,距离为 5 像素,扩展为 0%,大小为 1 像素,如图 7-19 所示,单击"确定"按钮。

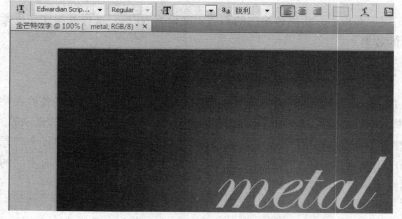

图 7-18 设置字的大小、颜色效果

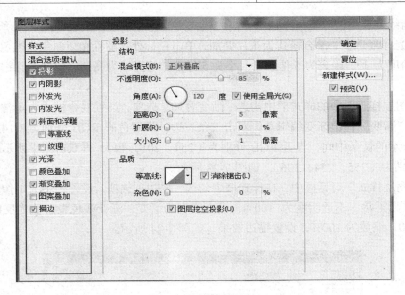

图 7-19　设置投影效果

　　提示：使用丰富的图层混合模式可以轻松创建各种特殊效果，需要注意的是图层没有"清除"混合模式，Lab 图像无法使用"颜色减淡"、"颜色加深"、"变暗"、"变亮"、"差值"和"排除"等模式。

　　⑥ 双击"文字图层"进入到"图层样式"，勾选内阴影，设置内阴影混合模式为正片叠加，单击"色标"处，阴影颜色设置为土黄色（193，140，0），不透明度为90%，角度为30，距离为2 像素，扩展为 0%，大小为 2 像素，然后单击"确定"按钮，如图 7-20 所示。

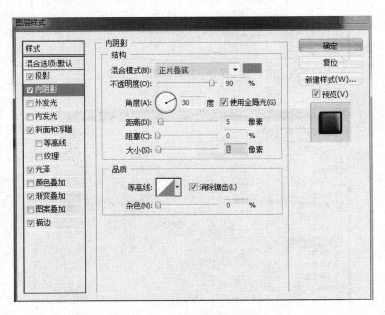

图 7-20　设置内阴影效果

　　⑦ 打开"混合选项"对话框，给图层添加"斜面和浮雕"效果，选中此项，样式为内斜面，方法为平滑，深度为 100%，方向为下，大小为 2 像素，软化为 0 像素，阴影角度为 120，高度为

30，光泽等高线，选中消除锯齿单选项，高光模式为滤色等，具体设置如图 7-21 所示。

⑧ 勾选光泽复选项，混合模式为正片叠加，单击色标处，设置光泽颜色为黑色，设置不透明度为 30%，角度为 30，距离为 5 像素，大小为 5 像素，等高线为高斯，勾选消除锯齿和反相，如图 7-22 所示。

⑨ 在"图层样式"中的样式框中构选"渐变叠加"选项，设置混合模式为正常，不透明度为 100%，单击"渐变"弹出渐变编辑器，双击长条左边，设置色彩 RGB 分别为（142，107，3）。再双击图中所示的长条中间，设置 RGB 分别为（254，201，49），再双击图中所示的长条右边，设置 RGB 分别为（255，254，206），如图 7-23 所示。

⑩ 在"图层样式"对话框中，在样式框中勾选"描边"选项，设置大小为 1 像素，位置为内部，混合模式为正常，不透明度为 100%，填充类型为渐变，渐变颜色设置值为反向，样式为线性，角度为 90，缩放为 100%，设置描边效果，如图 7-24 所示。

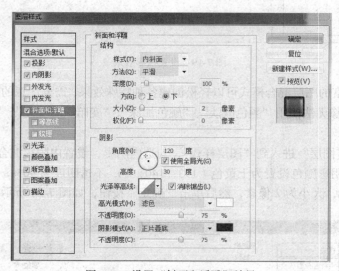

图 7-21　设置"斜面和浮雕"效果

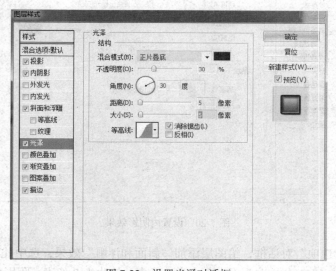

图 7-22　设置光泽对话框

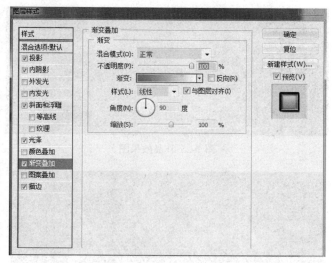

图 7-23　设置渐变叠加效果

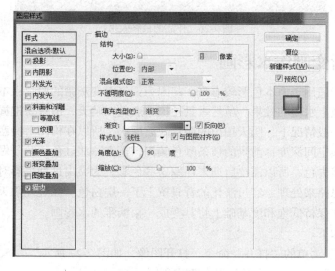

图 7-24　设置描边效果

⑪ 选择 PSD 英文字体图层复制一个 PSD 英文字体图层副本，接着单击鼠标右键，显示右键快捷菜单，选择 "文字栅格化" 命令，在图层控制面板中选择 "PSD 英文字体图层 "副本，按住【Ctrl】不放，单击 "PSD 英文字体图层副本" 转为选区，并设置前景色为白色，按键盘快捷键【Alt】+【Delete】给 PSD 英文字体图层副本填充，接着按键盘快捷键【Ctrl】+【D】取消选区，单击 "文件" 菜单中的 "滤镜" 下面的 "模糊" 或 "动感模糊"，弹出动感模糊的对话框，设置角度为 0 度，距离为 10 像素，设置混合模式为叠加，其效果如图 7-25 所示。

⑫ 创建新图层按钮，命名为星星，在工具箱中选择自定义形状工具，在工具选项栏中设置路径，形状为星星形状，接着在工作区拖出一个星星形状，并按键盘【Ctrl】+【Enter】把星星形状转换为选区，在工具箱中选择设置前景色，设置前景色的颜色为白色，然后单击 "确定" 按钮，填充给星星形状，并复制几星星图层，选择所有星星图层并合并图层，按【Ctrl】+【E】合并成一个图层星星，完成最终效果，如图 7-26 所示。

图 7-25 作品效果图

图 7-26   作品的最终效果

7.3.4   用渐变制作水彩画

本例适用范围：适用于原本色彩较丰富，却因为天气而变灰暗的照片；本例照片中枯枝的形态感很强，更适合披上水墨的效果。虽然雪景拍摄一般选在晴天，但只要把握好主题，阴天照样也能拍出好照片。一般情况下，阴天拍出的照片缺乏层次，所以在构图上特意选择了前景与背景有对比的画面，增加空间深度；前景的枝条颜色较深，还有一些红色的叶子做点缀，但是这些都因为天气原因而黯然失色，所以需要后期来还原这些色彩。为突出这种色彩对比效果，采用增强前景、淡化背景的思路来处理，经过淡化的背景罩上了一层白色。在处理阴天暗片的时候，可以通过制造朦胧感，在保持低饱和度基础上将其变成一幅淡雅的水彩画。

具体操作步骤如下。

① 单击"文件"菜单的"打开"命令，打开图像，如图 7-27 所示。

图 7-27   原照片

② 利用渐变减少湖面杂色。为了达到预期效果，需要将天空和湖面分别进行调整；首先减少湖面杂色，单击"图层"工具栏最下方的 ⬚ 按钮，单击 ⬚，打开"渐变"命令菜单，编辑渐变填充的颜色，编辑"色标"，将其设成白色，再根据预览效果调整"不透明度色标"为 25%，减小天空部分和增加湖面部分的不透明度；将图层混合模式改为"柔光"，画面更自然，如图 7-28 所示。

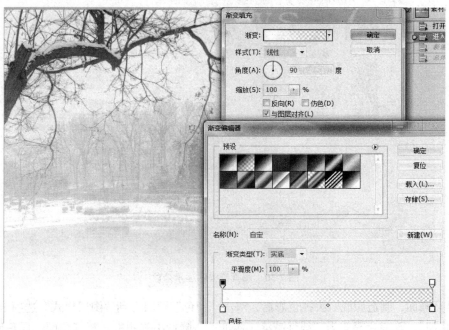

图 7-28　渐变效果图

③ 利用渐变压暗天空亮度。压暗天空的处理方法与湖面类似，不过要做两次，使用不同的混合模式来完成。首先建立一个从上到下为暗黄色到透明的渐变，混合模式为"明度"；同样方法创建从黑色到透明的渐变，混合模式为"叠加"；只有经过两次处理的天空才能达到自然的压暗，如图 7-29 所示。

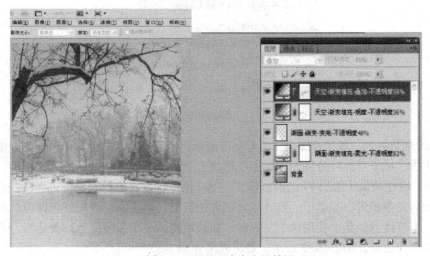

图 7-29　经过两次渐变的效果

④ 使用画笔去除远景杂色。远处树木发绿，房屋有非常淡的黄色，这些影响画面杂色需要去掉。先新建一个图层，图层属性改为"颜色"。再单击左侧的"画笔"工具，颜色选纯黑，在需要去色的画面中间部位尽情勾勒，这时可以看出经过去色的位置变成黑白，如图 7-30 所示。

图 7-30　用画笔去除远景杂色

⑤ 提亮画面，制造朦胧。去掉色彩后，双击"颜色"图层得到"图层样式"选项卡，单击左侧"渐变叠加"，改混合模式为"线性减淡（添加）"，降低不透明度，将"角度"反转成-90 度，画面中去色部分的亮度有了显著提升，朦胧感呼之欲出，而其他部分不受影响。

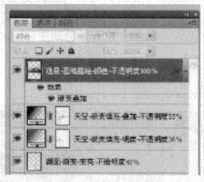

图 7-31　"图层样式"面板

⑥ 前景的细节处理。背景朦胧后，需要突出前景，还原其本来的色彩。这一处理主要采用画笔工具，将积雪、枝干与红叶分别调整。由于树枝上的积雪有些发暗，为提高其亮度，新建一个图层，并选择"线性减淡（添加）"的混合模式。选择画笔工具，前景颜色设定为浅灰，在积雪上仔细勾画，就会发现积雪白亮多了。红叶的处理方法类似，画笔颜色改用红色即可，处理树枝时则改为深棕。需要注意的是，使用画笔工具时，建议笔刷的大小、硬度选择要适当，并注意灵活调整其不透明度与流量，如图 7-32 所示。最终效果如图 7-33 所示。

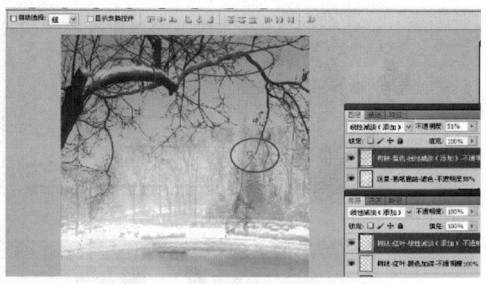

图 7-32　使用画笔工具

图 7-33　最终效果图

7.3.5　照片添加水雾效果

本例制作非常有特色，巧妙地把动物图片处理成透过玻璃效果，而且玻璃上面有刚擦拭的痕迹。其中包括图层蒙版和更改图像的模式两个知识点。

具体操作步骤如下。

① 启动 Photoshop，打开素材，把背景图层复制一层，按【Ctrl】+【U】调整色相/饱和度（0，0，35），如图 7-34 所示。

② 在菜单栏单击"滤镜"菜单中的"模糊"下面的"高斯模糊"命令，半径为 3 个像素，如图 7-35 所示。

③ 在菜单栏单击"滤镜"菜单中的"杂色"下面的"添加杂色"，数量设置为 1%。设置杂色效果，如图 7-36 所示。

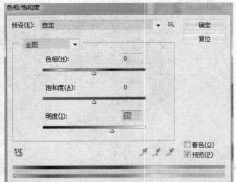

图 7-34　调整色相/饱和度

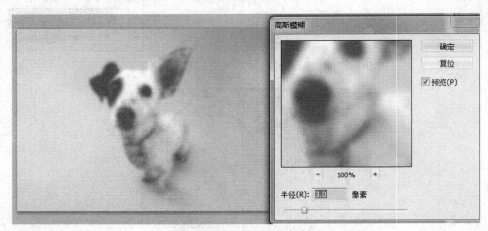

图 7-35　设置模糊效果

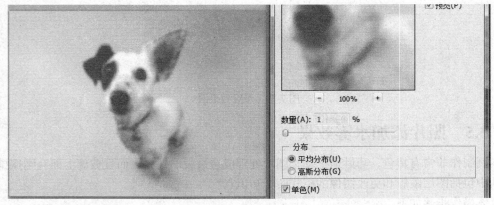

图 7-36　设置杂色效果

　　④ 直接在图层面板下方单击"图层蒙版"按钮，用黑色画笔或者橡皮工具，在蒙版上慢慢涂抹，作出图片的层次感，如图 7-37 所示。

　　⑤ 打开如图 7-38 所示的图层，将水珠素材拖入图像，适当调整大小和位置，用橡皮擦除所需部分，橡皮擦设置为不透明度 80%，流量 50%。然后把图层混合模式改为"滤色"，再适当降低图层不透明度，增强图片的反光效果，如图 7-38 所示。

图 7-37　层次感效果图

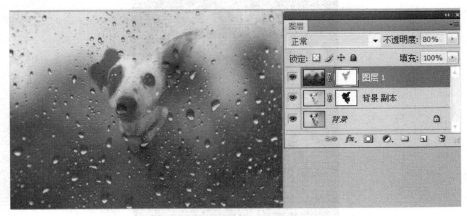

图 7-38　增强图片的反光效果

⑥ 对图像进行调色。单击"图像"菜单中的"调整"下面的"照片滤镜",设置冷却绿色为
20。最终效果如图 7-39 所示。

图 7-39　最终效果

7.4 实 验 目 的

➢ 掌握 Photoshop 基本操作。
➢ 掌握 Photoshop 工具的使用。
➢ 掌握 Photoshop 软件的基本应用。

7.4.1 实验内容和要求

（1）将图中的钟表从图片中分离出来，原图如图 7-40 所示。

图 7-40 分离钟表原图

（2）使用 Photoshop 设计一个播放器，效果图如图 7-41 所示。

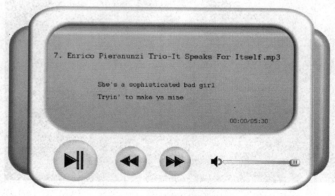

图 7-41 设计播放器效果图

（3）为美女图添加油画相框，素材和效果图如图 7-42 所示。

图 7-42　为美女图添加油画相框

（4）用 Photoshop 制作特效字，效果图如图 7-43 所示。

图 7-43　制作特效字效果图

（5）制作一张新年贺卡。

7.4.2　实验报告要求

（1）两人提交一份作品、一份电子文档报告，其文件名为：两位小班班号+两位小班学号+姓名+实验#。

（2）报告要求：两人完成一份实验报告，写出制作过程、总结收获和体会。

（3）在规定时间内将实验报告和作品以压缩包上传到指定的服务器上。

第8章

会声会影

本章学习重点

➢ 掌握视频处理的基本知识。

➢ 掌握视频和图像素材的基本编辑方法。

➢ 掌握多素材的转场与滤镜技术。

➢ 掌握添加标题、字幕、配乐技术。

➢ 掌握影片的输出和分享技术。

8.1　认识会声会影 X4

8.1.1　会声会影 X4 简介

会声会影 X4 是由 Corel 公司出品的入门级视频后期编辑处理软件，主要面向企业、事业、家庭的 DV（数码摄像机）用户，既可以制作各种大型庆祝活动、运动会、体育活动、新年联欢会、电子相册、毕业留念等视频作品，也可以应用于商业，制作节目片头动画、企业展示等。目前这款软件广泛应用于广告制作和电视节目制作中。

8.1.2　会声会影 X4 功能

会声会影 X4 操作简单、效果丰富。会声会影提供了友好的用户界面和简单的操作流程，只要用户熟悉计算机的基本操作，经过短时间练习就可以制作出自己的作品。会声会影 X4 提供了大量的视频、图像、音频、转场、标题等素材，以及电子相册和影片模板，利用这些专业的素材和模板，用户可以轻松地制作视频作品。

会声
会影
功能
{
（1）捕获。会声会影的捕获功能可以将拍摄的素材输入到计算机中。

（2）编辑。会声会影的编辑功能可以对素材进行分割、修剪、排序、布局等编辑操作。

（3）分享。会声会影的分享功能可以将制作完成的影片输出为各种各样的格式，并可发布到 Internet 和电子邮件。
}

8.1.3　会声会影界面

软件完成安装后，在桌面上双击 Corel VideoStudio Pro X4 快捷方式图标，打开 Corel VideoStudio Pro 窗口，如图 8-1 所示。

图 8-1　会声会影 X4 主界面

1．菜单栏

提供的菜单包括文件、编辑、工具、设置四大类别。比如常见的如新建项目、打开项目、保存、智能包、项目属性、参数选择、保存修整后的视频等功能。

2．步骤面板

会声会影采用步骤式的工作流程，将建立影片的程序简化为三大步骤，根据视频编辑过程中的不同步骤，提供对应的捕获、编辑和分享 3 个命令按钮。

3．素材库面板

素材库是一个整理区域，设置了影片需要的素材数据，如视频、滤镜、音频、照片、转场效果、Flash 素材等。而素材库中的素材，可通过素材库面板依素材类型筛选要显示的内容，共分为媒体、转场、标题、图形和滤镜五大类。

4．时间轴和场景轴

使用时间轴和场景轴，可以将媒体汇编到所需的顺序中，并编辑剪辑。可以使用"监视器"面板预览已在时间轴或场景轴中排列好的剪辑。

使用场景轴可以快速排列媒体，添加字幕、过渡和效果。使用时间轴可以裁切、分层和同步媒体。可以随时在这两个面板之间来回切换。

5．工具栏

工具栏包括了许多命令按钮，如图 8-2 所示。

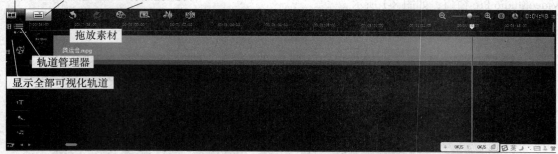

图 8-2　工具栏

➢ 故事板视图：故事板视图是将视频添加到影片的最快捷方法。

➢ 时间轴视图：时间轴视图让用户可以最清楚地显示影片项目中的元素。

➢ 撤消拖放素材和重复拖放素材。

➢ 录制和捕获选项：录制和捕获选项的开关按钮。

➢ 显示全部可视化轨道：在视频轴上预览全部视频。

➢ 视频轨：包含视频/图像/色彩素材和转场。

➢ 覆叠轨：包含覆叠素材，它们可以是视频、图像或色彩素材。

➢ 标题轨：包含标题素材。

➢ 声音轨：包含声音素材。

➢ 音乐轨：包含从音频文件中获取的音乐素材。

➢ 将项目调到时间轴窗口大小：将整个项目调整到时间轴窗口的大小。

6．导览面板

使用新的"导览面板"、自定义文件夹和新的媒体滤镜来组织媒体素材。

➢ 擦洗器：浏览指定位置的项目或素材。

➢ 修整标记：设置项目的预览范围或修整素材。

➢ 项目/素材模式：可选择要预览整个项目或已选取的素材。

➢ 播放相关控制按钮：包含播放修正后的素材按钮、起始按钮、上一帧按钮、下一帧按钮、结束按钮、重复按钮，主要控制素材或项目的播放相关动作。

➢ 系统音量：可调整计算机扬声器的音量。

➢ 时间码：以"时：分：秒：帧"的格式显示，在数值上单击可以指定精确的时间码，直接跳到项目的特定时间点播放。

➢ 扩大：将预览窗口放大显示，在放大模式下无法编辑素材元素。

➢ 分割素材：分割选定的素材。

➢ 标记开始/结束标记：用来设置项目的预览范围，或标记修整素材的开始和结束点。预览窗口，如图 8-3 所示。

图 8-3　预览窗口

8.1.4　多媒体的基本知识

随着计算机和网络的发展，出现了越来越多的多媒体格式。作为会声会影的用户，经常要和不同格式的素材打交道，因此了解会声会影 X4 支持哪些类型的格式是很有必要的。

（1）支持的音频格式

Dolby Digital Stereo、Dolby Digital 5.1、MP3、MPA、WAV、QuickTime、Windows Media Audio。

（2）支持的视频格式

AVI、MPEG-1、MPEG-2、AVCHD、MPEG-4、H.264、BDMV、DV、HDV™、DivX、QuickTime、RealVideo、Windows Media 格式、MOD (JVC® MOD 档案格式)、M2TS、M2T、TOD、3GPP、3GPP2。

（3）支持的图像格式

BMP、CLP、CUR、EPS、FAX、FPX、GIF、ICO、IFF、IMG、J2K、JP2、JPC、JPG、PCD、PCT、PCX、PIC、PNG、PSD、PSPImage、PXR、RAS、RAW、SCT、SHG、TGA、TIF、UFO、UFP、WMF。

（4）支持的光盘格式

DVD、Video CD (VCD)、Super Video CD (SVCD)。

8.1.5　会声会影提供的操作

会声会影的操作包括捕获与导入视频素材、修整与剪辑视频素材、制作影片覆叠特效、制作影片转场特效、制作影片滤镜特效、制作影片字幕特效、制作影片音频特效和输出与刻录视频，如图 8-4 所示。

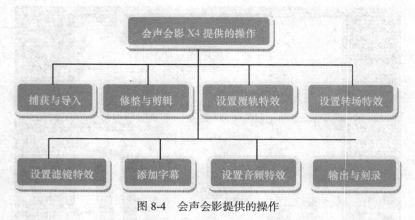

图 8-4　会声会影提供的操作

8.1.6　影片编辑流程

影片编辑流程，如图 8-5 所示。

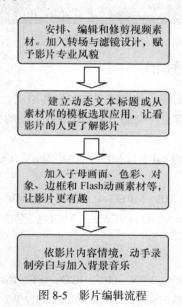

图 8-5　影片编辑流程

8.2　媒体剪辑、安排的应用

8.2.1　认识 3 种视图模式

1. 时间轴视图模式

时间轴视图让用户可以最清楚地显示影片项目中的元素。它根据视频、覆叠、标题、声音和音乐将项目分割成不同的轨。时间轴视图允许用户对素材执行精确到帧的编辑。

在默认时间轴视图模式下，可完整地显示项目中各项元素及详细信息，此模式将项目中的素材分为视频轨、覆叠轨、标题轨、声音轨及音乐轨五大类，如图 8-6 所示。

- ➤ 视频轨：包含视频/图像/色彩素材和转场。
- ➤ 覆叠轨：包含覆叠素材，它们可以是视频、图像或色彩素材。
- ➤ 标题轨：包含标题素材。
- ➤ 声音轨：包含声音素材。
- ➤ 音乐轨：包含从音频文件中获取的音乐素材。

图 8-6　时间轴视图模式

时间轴高度会按照目前项目中的数据轨数量的变动，而宽度则会按照素材内容的区间显示。其中鼠标放在每一个图标上，都会显示此图标的作用。

2．故事板视图模式

故事板视图是将视频添加到影片的最快捷方法。故事板中的每个略图代表影片中的一个事件，事件可以是素材或转场。在故事板视图模式下，可以清楚地了解整个剧本流程的安排，就如同"故事"的字面意义一般，简单快速地查看各个媒体素材文件的信息和状况，包含排列顺序、转场、属性、效果编辑、素材区间等，都会通过缩略图显示在故事板中。故事板视图模式，如图 8-7 所示。

可以通过拖放的方式，来插入或排列素材的顺序。转场效果可以插入到两个视频素材之间。所选的视频素材可以在预览窗口中进行修整。

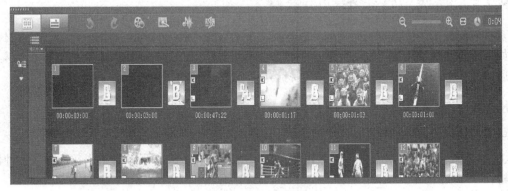

图 8-7　故事板视图模式

3．音频视图模式

音频视图允许用户可视化地调整视频、声音和音乐素材的音量。

8.2.2　素材库素材的管理

会声会影 X4 全新的素材管理模式，不但可以同时导入影片、图像、音乐素材，还可以快速筛选素材类别，另外，文件夹式的个别管理，素材以拖曳的方式直接进入指定文件夹中，整体操作更方便、更直观。

8.2.3 切换素材库素材类别

素材库包含媒体、转场、标题、图形和滤镜五大类的素材，可通过素材库面板左侧的类别按钮来进行切换。切换素材类别按钮，如图 8-8 所示。

图 8-8　切换素材类别

8.2.4 控制素材库缩略图大小

编辑模式右上角可以拖曳圆按钮来放大、缩小缩略图，以浏览更多的素材缩略图。

8.2.5 筛选出特定类型的素材

素材库面板区的上方有视频、照片、音频三类素材的"显示/隐藏"按钮，默认三类素材都显示，如果 3 种素材都用到了，在此全黄色状态表示为显示状态，如果只观察某一种类的素材，则可以通过这 3 个按钮轻松筛选出特定的素材类型，方便影片的编辑处理。

8.2.6 导入素材至素材库

导入素材至素材库的具体操作如下：

① 单击素材库面板区上方"导入媒体文件"按钮，如图 8-10 所示，可一次性导入多种格式的素材；

图 8-9　选择导入媒体文件按钮

图 8-10　打开素材

② 设置文件类型为所有格式，在存放素材的路径下选择要添加素材库的素材；

③ 单击"打开"按钮，打开素材，如图 8-11 所示。

提示：其中选取素材时可按住【Ctrl】+【A】表示全选，按住【Ctrl】可以选取多个素材，按住【Shift】可以选取某一区间内的素材。

8.2.7　利用文件夹管理素材

利用文件夹管理素材的具体操作步骤如下：

① 添加、删除素材文件夹，选择素材库面板"媒体\添加"按钮；

② 输入文件夹名称，按"回车"键，在素材库媒体类，便可看到刚才建立的文件夹。若是要删除素材文件夹，在文件夹上单机鼠标右键，选择快捷菜单的"删除"即可；

③ 将素材分类存储到指定文件夹。只要进入媒体文件夹后，再进行导入媒体素材的操作，即可将媒体素材归类在此，也可以在选择素材缩略图后，按住鼠标左键不放直接拖曳至该文件夹中即可。

图 8-11　利用文件夹分类素材

8.3　制作奥运会教育片

以下将以制作奥运会教育片为例来介绍制作整个视频的过程。

8.3.1　添加视频、照片等媒体素材

虽然在时间轴/故事板视图中，两个模式都可以添加媒体素材，但通过"故事板视图"更加快速简单。具体操作步骤如下：

① 选择"文件"菜单中的"新建项目"命令；

② 切换到故事板视图模式，可直接拖曳右侧素材库中的素材到故事板视图摆放，如图 8-12 所示。

图 8-12　添加各类素材

8.3.2 素材缩略图的调整

一般常用的调整是针对素材顺序或将其删除。删除操作只需按住【Delete】键即可，在此详细介绍如何调整素材的顺序。

具体操作如下：

① 选择素材，直接拖曳到故事板视图中；

② 调整素材顺序，先选择故事板视图中要调整的素材，按住该素材不放，拖曳至目的位置再放开，即可完成素材顺序的调整顺序，如图 8-13 所示；

③ 要删除素材，选中后按【Delete】键。

图 8-13　调整素材顺序

8.3.3 简单快速地修整素材

素材的修整可以有效地控制影片开始/结束播放时间点以及总片长时间，会声会影提供了多种视频素材的修整方法，在此只对最简单实用的修整方法作以介绍。

1. 使用标记修整素材

开始/结束标记标识预览或截取片段的起始和结束位置。在预览窗口下方的控制项中，拖曳开始与结束修整标记往左或往右，即可轻松修整素材的播放时间。

具体操作如下：

① 选择素材缩略图；

② 用鼠标左键单击右侧黄色修整标记不放，拖曳至合适播放点再放开，此处即为新的视频结束时间，如图 8-14 所示；

③ 同样方法设置开始时间。

图 8-14　调整结束时间

2. 使用"开始/结束"标记修整素材

具体操作方法如下：

① 如图 8-15 所示，选择缩略图，首先标记开始时间，拖曳"擦洗器"到合适的素材起始点；

② 用同样的方法设置素材的结束点；

③ 单击预览控制栏上的"播放"按钮，浏览白色范围内的保留片段。

图 8-15　开始和结束标记

3. 直接在时间轴上修整素材

具体操作步骤如下：

① 切换到"时间轴模式"；

② 选择要修正的缩略图，例如选择 3，利用鼠标直接拖曳素材两端的黄色修整控点来更改该视频长度，如图 8-16 所示。

图 8-16　修整后的素材

　　提示：修整后的素材并不是真的删除剪掉的素材，而是通过修整控点定义该素材的可播放范围与区间，只要调整控点的位置，还可以回到原来的状态。

4. 调整视频画面播放速度

有时候使用正常速度播放，观众会觉得平淡无趣，这时可以运用"速度/时间流逝"功能，以快速播放方式来呈现内容，让影片增添不一样的效果。

具体操作方法如下：

① 切换到"故事板模式"下选择素材缩略图，在选项面板"视频"选项卡中选择"速度/时间流逝"按钮，打开"速度/时间流逝"对话框；

② 在"速度/时间流逝"对话框中，原始素材区间为 00:00:10:21，速度为 300，也可以拖曳滑杆调整速度，如图 8-17 所示；

③ 单击"确定"按钮完成设置。

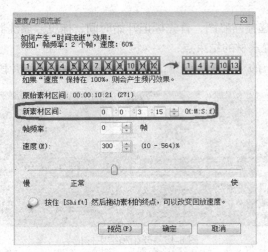

图 8-17　设置视频画面播放速度

8.4　轻松应用转场与滤镜

电视和电影中转场特效被广泛地应用，在视频编辑的时候，在不同的镜头和镜头的切换中加入特效会使节目更富有表现力。而许多 DV 爱好者在后期编辑视频作品时，为了能让视频作品看上去更酷更炫，更富有个性，也喜欢加入一些特殊效果。

视频滤镜可以将特殊的效果添加到视频中，用以改变素材的样式或外观。它是利用数字技术处理图像，以获得类似电影或电视节目中出现的特殊效果。

8.4.1　转场效果和概念

会声会影提供的转场效果相当丰富，如 3D、相册、取代、时钟、过滤、胶片、闪光、遮罩、NewBlue 样品转场、果皮、推动、卷动、旋转、滑动、伸展、擦拭 16 个类别，可以将常用的转场效果归类到"收藏夹"中。

每一类转场效果还有多个特定的变化，可以自行测试预览每种效果展现的特效，选择自己喜欢的适合影片的转场效果。

具体操作方法如下。

① 启动会声会影，单击菜单栏中的"编辑"显示会声会影的故事板。

② 添加视频。单击"视频轨"左侧的"插入媒体文件"按钮，在弹出的菜单中选择"添加视频"，在随后的对话框中，找到视频文件。对于视频文件，可以单击"预览"，然后单击"播放"按钮查看，如果选择了自动播放选项，则选择该视频文件时，会声会影将自动播放视频。

③ 打开会声会影软件后单击"效果"按钮，在"效果素材库"中单击"转场效果文件夹"，在下拉列表中选择一种类型即可，显示转场效果列表，如图 8-18 所示。

提示：最常见的场景之间的转换就是过滤分类中的交叉"淡化"效果，此效果是较安全的转场效果，可以广泛应用于大多数的场景转换中。

图 8-18 显示转场效果列表

8.4.2 从素材库中添加转场

建议在故事板视图下进行添加转场操作，会更清楚看到转场添加的位置和顺序。

具体操作如下：

① 选择"转场类别"中的"预览素材"库中的转场效果；

② 拖曳选择的转场效果到故事板上两个素材缩略图之间，如图 8-19 所示；

③ 如果要调整已添加的转场效果，可在转场素材库中重新选择一个合适的特效，按住鼠标左键不放将该特效拖曳到故事板上要调整的转场效果上释放即可。

图 8-19 利用拖曳方法添加转场效果

8.4.3 滤镜的应用

添加完转场后，还可以针对某个媒体素材进行滤镜的应用，让相同的素材内容变化出多样的视觉效果。滤镜是一种应用至媒体素材的特殊效果，可单独或组合应用到视频轨、叠覆轨和标题轨，主要改变视频、照片、标题文字素材的样式或外观。

会声会影提供了 12 种滤镜类别，每一类别中还有多个特定的变化，可选择合适的滤镜特效来应用。

具体操作方法如下：

① 单击"滤镜类别"中的"预览素材"库中的滤镜效果。为缩略图增添阳光普照的闪光效果。从素材库面板切换到"滤镜"，再单击"画廊"按钮，从画廊中选择"相机镜头"类别中的"镜头闪光"效果，可以在预览窗口中预览该滤镜的动态效果；

② 应用到项目媒体素材。拖曳"滤镜"到故事板缩略图上，将此特效应用到素材上。

图 8-20　镜头闪光的效果图

8.5　用标题和字幕描述故事

8.5.1　应用标题素材

影片中有两种添加文字的方法，一种是应用会声会影素材库中的标题素材，另一种是自行输入文字再设置格式与动画。

具体操作步骤如下。

① 单击"标题素材"菜单中的"预览素材"库中的标题素材效果，或者将素材库面板切换到"标题"，选择标题素材并预览。

② 切换到"时间轴视图"模式，把选定的标题素材拖曳到标题轨，并调整标题轨的时间长度。

③ 编辑文字内容。双击"标题轨"的标题，在预览窗口上双击鼠标进入文字编辑模式。

④ 调整文字格式。保持文字仍处于编辑模式下，单击"选项"按钮，打开选项"面板"，调整区间、字体、大小、行距、背景等格式。

⑤ 调整标题素材的位置。在预览窗口"标题素材"虚线框之外单击鼠标，该物件出现虚线框与黄色控制点，鼠标指针移到中心点呈手掌状时，可以拖曳鼠标来调整标题素材的位置，如图 8-21 所示。

⑥ 浏览添加标题素材的效果，如图 8-22 所示。

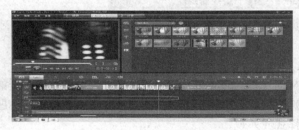

图 8-21　添加标题轨

图 8-22　标题素材预览画面

8.5.2　竖排、横排字幕制作

制作竖排字幕方法如下：

① 单击"编辑"按钮，单击"素材库"面板中的"标题"按钮，如图 8-23 所示；

图 8-23　单击"标题"按钮

② 将时间指针移到时间轴"开头.avi"即素材开始处；

③ 在预览窗口右上方，双击进入标题素材编辑模式；

④ 将方向更改为垂直模式，编辑文字和调整格式操作；

⑤ 调整字幕的起始和结束时间点。

提示：横排字幕制作方法同竖排字幕，只需将字幕按钮调整为横向即可，如图 8-24 所示。

8.5.3　为影片配置背景音乐

具体操作步骤如下：

① 单击素材面板中的"媒体"按钮，手动载入外部音乐文件，载入后，音频素材出现在右侧的素材列表中，如图 8-25 所示；

② 拖曳音乐文件到音乐轨上；

③ 按照前面所述方法同样可调整音频素材的播放区间和长度，在此不再赘述。

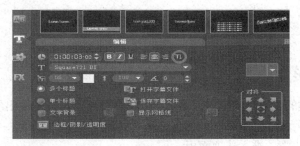

图 8-24　调整字幕方向按钮

图 8-25　拖曳音乐文件到音乐轨

8.6 输出最终影片并分享

8.6.1 查看项目的剪辑效果

具体操作步骤如下：

① 单击"分享"按钮，进入分享面板，单击"项目回放"按钮，打开"项目回放"选项对话框，如图 8-26 所示；

② 在"项目回放"选项对话框中，设置选取范围，单击"完成"按钮即可进入全屏幕模式；

③ 从头到尾预览播放影片，发现问题还可以实时修改，按【Esc】即可退出回到会声会影主画面。

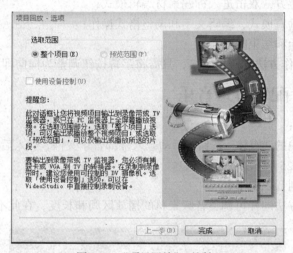

图 8-26 "项目回放"对话框

8.6.2 输出影片

会声会影可以创建的视频格式很多，要综合考虑自己所需影片的输出的格式。

具体操作步骤如下：

① 单击"分享"步骤，进入选项面板，创建视频文件，可将前面剪辑的项目作品输出为各种影片格式；

② 确认当前项目属性的设置，选择"设置\项目属性"，针对文件格式、宽高比、帧类型、帧大小、媒体质量等要素确认与调整；

③ 按照"项目设置"创建视频文件，如图 8-27 所示；

④ 选择影片的保存位置，则开始创建视频文件，过程中会经过多次的渲染，所以要耐心等待，之后就可以拥有自己的影片了。

图 8-27 输出影片

8.7　实验目的

➢ 掌握会声会影软件的基本操作。

➢ 掌握编辑视频的方法。

➢ 使用会声会影制作一份视频作品。

8.7.1　实验内容和要求

按照下列题目的要求完成各题，并将结果保存到*.vsp 文件中。

（1）用 DV 捕获一些大学生活中的美好瞬间或自己感兴趣的事或搜集一些网上已有的关于某一主题的素材。

（2）修整素材的画面、色彩、播放区间、播放速度，调整素材之间的排列顺序。

（3）添加部分转场和滤镜效果。

（4）为影片添加视频的标题和字幕，并配置适合影片的字幕。

（5）输出 AVI 格式的最终影片。

8.7.2　实验报告要求

（1）学生自愿结合，2 人提交一份作品。

（2）两人完成一份实验报告，写出制作过程、总结收获和体会。

（3）提交一份电子文档报告，其文件名为：两位小班班号+两位小班学号+姓名+实验#。

（4）在规定时间内将实验作品和报告的压缩包上传到指定的服务器上。

第9章
Dreamweaver CS4

本章学习重点

➤ 掌握 Dreamweaver CS4 软件的基本操作。

➤ 掌握创建个人网站的方法。

➤ 掌握插入文本、图形、图像、背景音乐和超级链接等基本元素的方法。

➤ 掌握 Dreamweaver CS4 的高级功能。

9.1　认识 Dreamweaver CS4

Dreamweaver 是美国 MACROMEDIA 公司开发（后被 Adobe 公司收购）的集网页制作和管理网站于一身的所见即所得网页编辑工具。它将可视化布局工具、应用程序开发功能和代码编辑组合在一起，其功能强大，使得各个层次的开发人员和设计人员都能不同程度地掌握此技术创建网站和应用程序。

9.1.1　Dreamweaver CS4 功能与特点

Dreamweaver 功能特点

（1）卓越的可视环境，简单易用。使用 Macromedia 的可视化开发环境，只需通过简单的拖拉技术。

（2）所见即所得的强大功能。没有一个 Web 编辑软件能像 Dreamweaver 一样，具有所见即所得的功能，用户可以在"Properties"窗体中调整参数。

（3）方便快速的文本编排。与"Word"相似，具有强大的文本编辑功能。

（4）专业的 HTML 编辑。Dreamweaver 与现存的网页有着极好的兼容性，不会更改任何其他编辑器生成的页面。

（5）高质量的 HTML 生成方式。由 Dreamweaver 生成的 HTML 源代码保持了很好的可读性。代码结构基本上同手工生成的代码相同。

（6）实时的 HTML 控制。设计者可以在可视化或者文本这两种方式下进行页面的设计，并且可以实时地监控 HTML 源代码。

（7）与流行的文本 HTML 代码编辑器之间的协调工作。Dreamweaver 可以与目前流行的 HTML 代码编辑器全面协调工作。

（8）强大的 DHTML 支持。对 DHTML 完全支持，并提供了与之相关联的四大功能。

Dreamweaver
功能特点

（9）重复元素库。在 Dreamweaver 中定义的一个站点内，设计者可以将重复使用的内容独立定义。

（10）基于目标浏览器的检测。Dreamweaver 不仅在设计时可以基于不同的目标浏览器进行不同的设计，而且在页面制作完毕后，还可以基于目标浏览器对页面进行检测并给出报告。

9.1.2　Dreamweaver CS4 工作界面

Dreamweaver CS4 工作窗口，如图 9-1 所示。

图 9-1　Dreamweave cs4 工作窗口

各项功能菜单如下。

➢ 应用程序栏：应用程序窗口顶部包含一个工作区切换器、菜单栏以及其他应用程序控件。

➢ 文档工具栏：包含一些按钮，可以在不同文档视图间进行切换。例如"设计"视图和"代码"视图的选项、各种查看选项和一些常用操作，如在浏览器中预览。

➢ 文档窗口：显示当前文档。可以选择下列任一视图：设计视图、代码视图、拆分视图等。

➢ 工作区切换器：查看文档和对象属性。工作区还将许多常用操作放置于工具栏中，使用户可以快速更改文档。

➢ 插入栏：共分为 8 个类别，包括插入创建常用对象类、表单类、spry、ContestEditing、数据类、文本、收藏夹、颜色图标、隐藏标签类等。

➢ 面板组：组织各种类型的面板。

➢ 标签选择器：设置某个标签的 class 或 ID 属性。

➢ 属性检查器：可以检查和编辑当前选定页面元素（如文本和插入的对象）的最常用属性。"属性"检查器中的内容根据选定的元素会有所不同。例如，如果选择页面上的一个图像，则"属性"检查器将改为显示该图像的属性（如图像的文件路径、图像的宽度和高度、图像周围的边框等）。

➢ 文件面板：使用"文件"面板可查看和管理 Dreamweaver 站点中的文件。

9.2 创建简单的网页

Dreamweaver 在进行文字与图片的插入时非常直观，它们在编辑器中的样式，基本上跟在浏览器中的最终效果是一致的，因此，只要学会使用 Word，就能很快掌握 Dreamweaver 的网页制作技术。本节从制作一个图文混排的网页入手，开始学习网页制作全过程。

9.2.1 创建本地站点

网页是构成网站的主要元素，制作好的网页必须发布到网站上才能供他人浏览。所谓的网站，它是因特网上一块固定的面向全世界发布消息的地方，由域名（也就是网站地址）和网站空间构成，通常包括主页和其他具有超链接文件的页面。网页包括图片、脚本、多媒体等多种元素。制作一个完整站点主要有以下几个步骤。

1. 构思规划本地站点

➤ 所谓本地站点，就是网站中各个分支之间以及分支与主页之间的关系。通常情况下，一个网站的结构往往与该网站的导航相对应。

➤ 本地站点结构，实际上就是确定本地站点目录结构。在根目录下，创建多个文件夹，将文档分类存储在相应的文件夹中，便于维护和管理。文件夹名相应使用英文或拼音命名。有序地规划好整个站点结构。

2. 创建站点基本结构。

确定好网站结构后，接下来就应该根据网站结构建立本地站点。使用 Dreamweaver 的站点导航创建本地站点。

3. 设计网页

在开发网站之前，一般都需要对网站的首页和内页模板进行设计，使网站开发人员能一目了然，同时为后期的网站开发提供必要的素材文件等。常用的设计工具是 Dreamweaver 和 Photoshop。

4. 站点上传

网站制作完成，并进行了整体测试后，即可将制作好的网站上传至 Web 服务器端，使人们顺利地访问它。一般使用 FTP 上传站点，也可以使用 Dreamweaver 软件上传站点。

在开发者构思好站点框架后，就可以利用 Dreamweaver CS4 创建站点基本结构。创建本地站点的步骤如下：

① 确定本地站点的根目录所在的位置，创建一个文件夹，作为本地站点，例如在 D 盘创建 Mysite 文件夹；

② 选择"站点/管理站点"命令，打开"管理站点"对话框；

③ 单击"新建"按钮，选择级联菜单中的"站点"项；

④ 在"新建站点"向导中，可以选择"基本"或"高级"选项卡来输入此对话框的内容，例如输入站点名称、本地根文件夹、默认图像文件夹、链接相对于选项、HTTP 地址等，单击"确定"按钮，系统返回"站点管理"对话框；

⑤ 单击"确定"按钮，即可显示站点创建成功的提示信息窗口；

⑥ 单击"完成"按钮完成站点的创建。

提示：对于网站建设时用到的文件夹和文件进行管理，不仅可以在 Windows 系统的资源管理器中进行，也可以利用"文件"面板进行操作。

9.2.2　创建空白网页

空白网页指的是文档编辑窗口中没有内容，但如果打开 HTML 源代码窗口，就会发现它还有许多源代码在里面。

创建空白网页的具体操作步骤如下：

① 在右边站点管理窗口中，单击鼠标右键，选择快捷菜单中的"新建文件"命令，这时文档窗口中会新增加一个名为 Untitled.htm 的文件；

② 单击"文件"菜单中的"另存为"命令，显示"另存为"对话框，输入文件名，例如文件名为"index"，其文件类型为"HTML"；

③ 单击"保存"按钮，将 index.htm 网页添加到 santa 网站中。

提示：站点管理窗口中，可以用来在站点中创建新文件夹。为了使站点管理更为规范，实际制作中常常把站点中的所有图片放到一个文件夹中，并将其命名为 Image。

几点说明如下：

➢ 通过上面创建新网页文件的办法，开发者可以创建任意数目的文件。其中，index.htm 文件作为网站的"首页"文件，而其他网页一般都是相对于这个首页的分页面；

➢ 一个网站中，首页只有一个，分页面却可以是无数个；

➢ 在网络上如果要查看某个网页，就得在浏览器的地址输入栏中输入网页地址，如 http://www.sian.com.cn，但这个地址仅指明了网站地址，并没有具体说明要访问主机上的哪个文件，在这种情况下，首页就成了默认的网页文件。也就是说，在地址输入栏中输入网站的地址 http：//www.sian.com.cn 就等于输入了首页地址 http://www.sian.com.cn /index.htm。

9.2.3　网页文件的管理

1．新建网页

创建网页文件的方法如下：

➢ 选择"新建"栏下的"HTML"选项，可以创建一个空的基本页；

➢ 单击"文件"菜单下的"新建"命令，打开"新建文档"对话框，在"页面类型"列表中选择"HTML"选项，在"布局"列表框中，选择"无"项，可以创建一个空的基本页。

2．网页文件的类型

可以使用文字处理软件 Word 编辑网页文件，文件的类型是".html"或".htm"。

3．文件的管理

在"文件"面板中，选择要进行操作的文件或文件夹对象，单击鼠标右键，选择快捷菜单中的相应命令，可以对文件或文件夹进行重命名、复制、移动和删除等操作。

4．设置页面属性

在"页面属性"对话框中，单击左侧的"分类"列表中的选项，可以设置页面的外观、链接格式和标题格式，如图 9-2 所示。

5．设置链接格式

具体操作方法如下：

① 在"页面属性"对话框中，单击左侧"分类"列表中的"链接 CSS"选项，如图 9-3 所示；

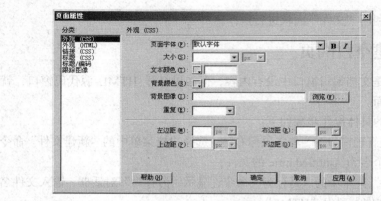

图 9-2　"页面属性"对话框

② 在该对话框中，设置链接文本的字体、字号、链接文本不同状态下的颜色等；

③ 单击"确定"按钮。

提示：链接的色彩，默认颜色规则是链接文字为蓝色；单击时色彩变为红色；单击过的链接文字保持为红色。

图 9-3　设置链接格式

6. 设置标题格式

具体步骤操作如下：

① 在"页面属性"对话框中，单击左侧"分类"列表中的"标题 CSS"选项，在右侧窗口中设置标题的字体、字号和颜色；

② 在"标题"文本框中设置网页的标题，例如输入网页标题"index"，在文档类型框中指定文档的类型，在编码框中指定文档中字符所用的编码类型；

③ 单击"确定"按钮，标题会出现在"文档"窗口的标题栏中（如果显示，也会出现在"文档"工具栏中）。页面的文件名和保存文件的文件夹显示在标题栏中标题旁边的括号中。星号表示文档包含尚未保存的更改。

7. 设置网页标题和代码格式

具体步骤操作步骤如下：

① 在"页面属性"对话框中，单击"分类"列表中的"标题/编码"选项，其参数设置显示在对话框的右侧窗口，如图 9-3 所示；

② 在"标题"文本框中设置网页的标题，例如输入网页标题"index"，在文档类型框中指定文档的类型，在编码框中指定文档中字符所用的编码类型；

③ 单击"确定"按钮，标题会出现在"文档"窗口的标题栏中（如果显示，也会出现在"文档"工具栏中）。页面的文件名和保存文件的文件夹显示在标题栏中标题旁边的括号中。星号表示文档包含尚未保存的更改。

9.2.4　用框架进行布局

框架网页设计是 Web 页设计方式之一。框架适合制作区域分明的网页结构。框架可以将一个浏览器窗口分割成若干个区域，在一个窗口中同时显示多个 Web 页面。

目前，框架是网页制作中最常用的页面设计方式之一。框架网页多数用在网站的后面的界面中，可以通过左侧的栏目导航，在右侧显示不同的 Web 页面。

框架技术由两部分组成：框架集和框架。框架集被称为父框架，框架被称为子框架。一个框架集就是一个页面，它是多个区域得以共同显示的集合体，作为一个文件存放。可以设置页面中各个区域在浏览器中显示的效果。一个框架对应着页面中的一个区域，用来显示页面文件。一个框架集可以包含多个框架。

1. 创建框架

在 Dreamweaver 中，可以直接创建一个框架集文件，在页面中使用预制框架集进行区域的拆分。具体操作步骤如下：

① 将插入点放置在文档中；

② 单击"插入"面板的"布局"选项卡，单击"框架"按钮，选择快捷菜单中的所需的框架结构，文档窗口将被拆分为若干个部分，如图 9-4 所示；

③ 系统将提供对话框，用于设置框架集中的各个部分的标题。选择待设置框架，输入标题即可。例如为 mailFrame 框架命名，为顶部框架命名为 topFrame，为左边框架命名为 LeftlFrame。

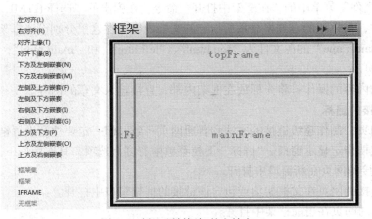

图 9-4　插入预制框架的文档窗口

2. 设置框架边框

单击"查看"菜单中的"可视化助理"→单击"框架边框"命令即可设置框架边框。

3. 设置框架大小

将鼠标放到框架边框上，出现双箭头光标时拖曳框架边框线，可以调整各个框架区域的大小。

4. 设置框架格式

具体操作步骤如下。

① 框架集：使用框架集的"属性"面板，可以设置框架集的边框特性，包括：边框宽度、边框颜色及显示与否，还可以设置框架集结构中的行高、列宽，如图 9-5 所示。

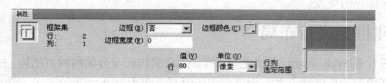

图 9-5　设置框架集的"属性"面板

② 框架。使用框架的"属性"面板，可以设置框架名称、源文件、滚动条特性及边框特性、边框颜色和显示与否，如图 9-6 所示。

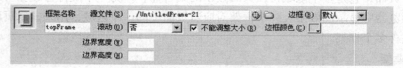

图 9-6　设置框架的"属性"面板

5.　向框架中添加内容

添加 LOGO 的具体操作步骤如下：

① 将插入点放在框架中第一行单元格；

② 单击"插入"菜单中的"图像"命令，弹出选择图像源文件对话框，选择网站的 LOGO，并单击"确定"按钮。

添加框架文档的操作步骤如下：

① 单击"文件"菜单中的"在框架中打开"命令，在弹出的"选择 HTML 文件"对话框中，选择指定的文件，在框架的右侧将显示所指定的文档内容。在这里分别设置框架"topFrame l"、"eftFrame"、"mainframe"的源文件为"top.html"、"left.html"和"main.html"；

② 保存网页。

为框架添加内容的操作：将光标放在框架内部，直接输入文章的内容。

6.　框架链接的目标

在框架式网页中制作超级链接的方法和普通网页一致，但一定要注意设置链接的目标属性，为链接的目标文档指定显示窗口。"目标"下拉菜单中有多个选项，其作用如下。

_blank：链接的网页在新窗口中打开。

_parent：链接的网页在父框架集或包含该链接的框架窗口中打开。

_self：链接的网页在当前框架中打开。

_top：链接的网页在最外层的框架集中打开。

7.　保存框架

使用包含框架的网页，必须先对框架集文件和框架进行保存。

保存框架集的步骤如下：

① 选中整个框架；

② 在 Dreamweaver 主窗口中，单击 "文件"菜单中的"框架集另存为"或"保存全部"，在弹出的"另存为"对话框中，输入文件名，并单击"确定"按钮，完成框架集的保存。

9.2.5 插入文本

1. 输入文本

文本是网页中不可缺少的内容。良好的文本格式能够充分体现文档所要表达的意图,激发用户的阅读兴趣。在网页中输入文本的方法有 3 种:直接输入文本、利用复制方法和导入已有的 Word 文档。

在 Dreamweaver 中,设置和编辑文本的方法与在 Word 中编辑文本的方法基本相同。与 Word 中对字符和段落的设置方法也基本相同。

无论输入文本还是导入文本,属性检查器中的选项均为文本的基本属性。通过属性检查器可以方便地修改文本属性。

文本的"属性"面板,通常默认为 HTML 状态,可以用于设置文本格式,包括预制的样式、粗体、斜体、对齐方式、缩进方式、链接等。

单击"CSS"按钮,可以切换到 CSS 状态,用于设置文本的目标规则、字体、大小、颜色、加粗、斜体、对齐方式、缩进方式等。

提示:Dreamweaver 中的回车键相当于分段,行间空隙比较大;"Shift+回车键"相当于分行,行间空隙比较小,所以这里的文字全部只进行分行,而不要分段。

2. 插入特殊字符

在 Dreamweaver 中插入特殊字符,是通过"插入"面板中的"文本"选项卡完成的,将插入面板切换到文本选项卡,单击"字符"按钮后面的向下箭头,选择一种要插入的字符即可。

3. 创建段落

段落指的是一段格式上统一的文本。在文档窗口中,每输入一段文字,按回车后,已经输入的文本自动转换为段落。

4. 创建项目符号

在 Dreamweaver 中包含两种项目列表,一种是有序项目列表,另一种是无序项目列表。

创建有序项目列表的方法:

单击"文本"选项卡中的"项目列表"按钮,在光标的位置插入项目列表默认图标,接着输入文本后按回车出现第二个项目列表图标。

创建无序项目列表的方法:

选中文本内容,单击"插入"面板中的"文本"选项卡中的"项目列表"按钮,选中一种项目列表符号即可。

9.2.6 插入图像

目前网页上可以使用的图像文件格式包括:JPG、JPEG、GIF 和 PNG,位图 BMP 格式占空间太大因此很少使用。

目前大多数浏览器都支持 3 种图片格式,即 GIF、JPEG 和 PNG。

➢ GIF 图像文件最多使用 256 种颜色,最适合显示色调不连续或具有大面积单一颜色的图像,例如导航条、按钮、图标、徽标或其他具有统一色彩和色调的图像。

➢ JPEG 图像文件格式用于摄影或连续色调图像的高级格式,因为 JPEG 文件可以包含数百万种颜色。随着 JPEG 文件品质的提高,文件的大小和下载时间也会随之增加。通常可以通过压缩 JPEG 文件在图像品质和文件大小之间达到良好的平衡。

➢ PNG 文件格式是一种替代 GIF 格式的无专利权限制的格式，它包括对索引色、灰度、真彩色图像以及 alpha 通道透明的支持。PNG 是 Macromedia Fireworks 固有的文件格式。PNG 文件可保留所有原始层、矢量、颜色和效果信息（例如阴影），并且在任何时候所有元素都是可以完全编辑的。文件必须具有.png 文件扩展名才能被 Dreamweaver 识别为 PNG 文件。

1. 插入图像

插入网页的图像默认状态下使用的是原图片的大小、颜色、对齐方式、亮度、对比度等属性。根据不同网页要求，可以重新设置图像属性。Dreamweaver 中的"属性"检查器是与元素相对应的，选中不同的元素会显示相应元素的属性参数。

插入图像的具体操作如下：

① 选择插入图像的位置；

② 单击"插入"菜单中的"图像"命令或在"插入"面板的"常用"选项卡中，单击"图像"按钮，在下拉菜单中选择"图像"项；

③ 打开"选择图像源文件"对话框，在"查找范围"下拉列表框中，选择要插入的图像文件所在的位置，在当前存放位置的文件列表中，选择需要的图像文件；

④ 单击"确定"按钮，完成图像的插入。

2. 图像的属性面板

图像的属性面板，如图 9-7 所示。其中，"链接"选项在文本框中显示当前图像的链接目标；可以通过"剪裁"按钮，对图像进行剪裁等。

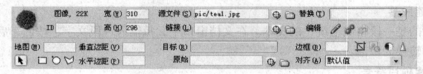

图 9-7　图像的属性面板

3. 插入占位图像

在设计网页时，往往会遇到网页已经设计好了，图片还没有准备好，这时可以将占位图像插入到需要插入图像的位置。若要插入图像占位符，则执行以下操作。

① 选中要插入图像的置。

② 单击"插入"面板的"常用"选项卡，打开"常用"对话框。

③ 在"常用"对话框中，单击"图像占位符"图标，或者单击"插入"菜单中"图像占位符"命令，显示"图像占位符"对话框。

④ 在该对话框中，可以设置占位符的名称、大小和颜色，并为占位符提供文本标签。

⑤ 单击"确定"按钮即可。

4. 将一层 Photoshop 选区图像复制到网页

具体操作步骤如下：

① 在 Photoshop 中，选中分层图像的其中一个图层，并且选中整个画布；

② 单击"编辑"菜单中的"拷贝"命令；

③ 返回到网页中，执行"编辑"菜单中的"粘贴"命令。

提示：图片的"Align"与区域位置属性▤▤▤的区别：前者处理的是图片与文本的位置对应

关系，后者处理整个区域，包括图片、文本以及区域中所有元素相对于整个网页的位置关系。

5. 插入鼠标经过的图像

网页上经常有当鼠标移动到某一个图片上时，该图片被另外一个图片替代，鼠标离开后图片恢复成原来的样子。鼠标经过的图像是一种在浏览器中查看并使用鼠标指针经过时发生变化的图像。若要插入鼠标经过的图像，必须具备两幅图像，并且两幅图像的尺寸完全相同。

具体操作步骤如下：

① 单击"常用"选项卡中的"鼠标经过图像"按钮，显示"插入鼠标经过图像"对话框；

② 在对话框中选择两幅图像即可；

③ 在"原始图像"文本框中输入原始图像文件名，在"鼠标经过图像"文本框中输入另外一个图像文件名；

④ 单击"确定"按钮。

提示：在文档中插入图像后，保存该网页，按【 F 12 】键可以在浏览器窗口中预览鼠标经过图像的效果。

6. 插入导航条

导航条的作用是在网页中插入一排垂直或水平的导航按钮。导航按钮通常为站点上的页面和文件之间的移动提供一条捷径。导航条可以包括 4 种状态：状态图像、鼠标经过图像、按下图像、按下鼠标时鼠标经过图像。

具体操作步骤如下：

① 单击"插入/图像对象"菜单中"导航条"命令，显示"插入导航条"对话框，如图 9-8 所示；

图 9-8 "插入导航条"对话框

② 在对话框中，分别设置 4 种状态的图像即可插入导航条图像；

③ 单击加号【 + 】按钮增加一组导航按钮，然后对其进行设置；

④ 单击"确定"按钮结束设置。

9.2.7 添加分割条

水平线可以用来分隔文本和对象，因此也称为分割条。

具体操作步骤如下：

① 单击"插入\HTML"菜单的"水平线"命令，即可为网页添加横向分割条；

② 在文档窗口单击选中该分割条，在属性面板中改变分割条属性。

9.2.8 插入超级链接

在网页上的所有资源，例如文字、图片、按钮或其他元素等，都是通过超级链接联系在一起的。链接能使网页从一个页面跳转到另一个页面。超级链接是网站中各个元素的联系方式，正是它完成了各个页面的跳转，使整个网站作为一个有机的整体出现在访问者面前。

1. 建立超级链接

具体操作步骤如下：

① 选中要设置超级链接的元素，这里选中文本"搜狐网"。

② 单击"插入"菜单中的"超级链接"命令，打开"超级链接"对话框，在此设置文本、链接、目标、标题等内容如下。

文本："搜狐网"。

链接：输入 http://www.sohu.com

目标：选择 _blank

③ 单击"确定"按钮即可。

提示：对于新建的"超级链接"，字体的色彩会变成蓝色，同时字体下方还会有一条下划线。在属性面板的目标下拉框中设置目标对象打开方式如下。

➤ _blank：表示另外打开一个窗口，用新窗口显示该链接网页。

➤ _self：在本窗口中打开链接页面。

➤ _parent：在父窗口中打开链接页面，主要用于框架结构的页面。

➤ _top：整个浏览器窗口，主要用于框架结构的页面。

一个内部链接创建完成，单击"保存"按钮，按【F12】键预览网页。

提示：链接文件如果是网页文件，浏览器就会打开该网页并进行显示；如果是浏览器本身不能显示的文件，则会弹出提示框让用户决定是否进行下载，然后把提供下载的文件压缩成文件包（如 zip 压缩包），然后放到网上就行了。访问者如需下载，只需单击该压缩包的网址就可以下载了。

2. 创建热点链接

使用图像热区链接是创建复杂的图像交互的好方法，当用户创建一个图像热区时可以对图像中的一个部分分别创建链接，他将告诉浏览器图像的这些部分应该链接到特定的对象。Dreamweaver CS4 能够使用户很方便地创建图像热区链接。

属性面板中 ▢ ◯ ▽ 图标就是用来创建热点的，它们分别是规则四边形、圆形、不规则多边形。根据图像轮廓的不同，用不同的形状制作热点。规则四边形主要针对图像轮廓较规则，且呈方形的对象；圆形针对圆形规则轮廓；不规则多边形则针对复杂的轮廓外形。

创建图片热点链接操作步骤如下：

① 选中需要创建热区链接的图像，这里选择第一幅图像；

② 可以看到属性面板的左下部有创建热区的几个按钮，分别为矩形、圆形和多边形；

③ 单击属性面板上的热点工具，然后在图像上绘制热区；

④ 在属性面板上的"地图"文本框中为热点区域命名，这里输入"图 1"；

⑤ 选中热点区后，在窗口下方可以看到热点区的属性面板，如图 9-9 所示，设置热点对应的链接地址，具体操作步骤与其他元素的链接设置相同，这里在"链接"文本框输入链接地址目标框中输入 _blank；

⑥ 一个图像热点区链接创建完成，单击"保存"按钮，按 F12 键预览网页。

图 9-9　图片的属性面板

提示： 勾画出的轮廓线要闭合，也就是说起点与终点要在同一个点上。

另外，属性面板上的"替代"输入框是用来为图像进行说明的，当鼠标移动到图片上时，输入框中的文字内容就会显示在图片上面。它还有一个用途，当一些用户屏蔽了图片功能，以纯文本形式进行网页浏览时，有"替代"标记的图片虽然不能显示，但会在该图片区域显示出图片的介绍信息。

3. 创建网页文件的内部链接

如果页面内容很多，页面很长，怎样能使访问者只需单击文字或图片就能链接到另一部分或是另外一个文件的某一特定部分呢？网页内部链接将帮助解决所有这些问题。下面是一个简单示例，如图 9-10 所示。

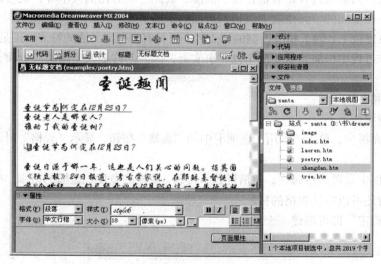

图 9-10　锚点的使用

只要单击"圣诞节为何定在 12 月 25 日？"，页面就会跳转到同页面中的相应区域。建立文件内部链接的操作步骤如下：

超级链接除了可以链接到文件外，还可以链接到本页中的任意位置，这种链接方式称为"锚链接"；当一个网页的主题或文字较多时，为了方便用户浏览，可以在网页内的某些分项内容上建立多个标记点，将超级链接指定到这些标记点上，使用户能快速找到要阅读的内容；我们将这些标记点称为锚点。

为网页中底端的文本"Top"建立一个链接到网页顶端的锚链接。

具体操作步骤如下：

① 创建锚链接之前首先要创建锚点，将光标放在页面中需要加入锚点的位置，在"插入面板"的"常用"选项卡中单击"命名锚记"按钮，显示"命名锚记"对话框；

② 在"锚记名称"文本框中输入锚记的名称，这里输入"Top"。单击"确定"按钮，网页的相应位置将出现一个锚点标志；

③ 选中需要建立锚链接的对象，这里是网页中底端的文本"Top"。在其属性面板中的文本框中输入"#"+"锚记名称"，这里是"#top"，注意"#"号表示该链接是锚链接；

④ 一个锚链接创建完成，单击"保存"按钮，按 F12 键预览网页。

提示：如果要从一个文件内跳转到另一个网页文件的某处，可以先在另一个文件中设置锚记，再在第一个文件中设定链接地址，不过这个地址请注意，它是由"路径+另一个文件名+#Name"组成的。

9.2.9 表格网页的定位

表格网页的定位，就是指把网页元素诸如文本、图片等按需要放在合适的位置，Dreamweaver提供了诸如表格、框架、图层，以及版面规划等网页定位技术，将数据、文本、图片、表单等元素有序地排列在页面上。

1. 表格概述

表格的应用，最简单的理解的是作为数据的列表进行显示。在实际制作过程中，表格更多地用在网页定位上，只需通过设定表格宽度、高度、彼此之间的比例大小等，就可以把不同的网页要素分别"框"在不同的单元格之中以达到页面的平衡。

表格在网页定位上，除了精准控制的特点外，还具有规范、灵活的特点，正是因为这些原因，表格在网页制作过程中扮演着重要的角色。事实上，国内的许多大型网站的页面，都应用到了表格定位技术。

2. 创建表格

具体操作步骤如下：

① 在插入面板中，单击"常用"选项卡中的"表格"按钮，显示"表格"对话框，如图 9-11所示；

② 在对话框中设置表格属性，包括行数、列数、表格的宽度、边框的粗细、单元格边距及单元格间距，同时还可以标注表格的标题；

③ 单击"确定"即可创建一个表格。

图 9-11 "表格"对话框

表格属性设定方法如下：

➢ 创建表格时，如果开始不能确定它的属性，可以使用默认值，然后再通过属性面板进行修改；

➢ 关于 Width 的设定，一般来说，大表格往往采用绝对尺寸，表格中所套的表格采用相对尺寸，这样定位出来的网页才不会随着显示器分辨率的差异而引起混乱；

➢ 表格的背景颜色，既可以是整个表格，也可以是某个单元格，（也就是说大表格用一种颜色，某个或某些单元格用另外的颜色），因此它的灵活设置往往可以创建出别具一格的网页配色；

➢ 清除行高与列宽的主要作用是创建规则的表格，制作好表格后，在向单元格输入数据时，Dreamweaver 往往会改变表格单元格尺寸大小，让本来设置好的表格变得面目全非，这时就可以用清除行高与列宽命令，将表格缩到最小，然后再通过属性面板上的 Width，重新设置表格的宽度，这时一个规则、均匀的表格就出现了。

上面所谈的是表格的属性，当取消选择，随便用鼠标点一下任意单元格时，属性面板又会变成另外一种样式，让开发者可以对该单元格进行设置。

提示：合并/拆分表格图标 合并表格，可以把一行或者一列单元格合并成一个，也可以把同行或同列中某几个单元表格合并起来；拆分表格，可以将一个单元格拆分成几个按行或按列排列的单元格。

提示：合并与拆分表格命令非常有用，它往往是创建复杂表格最重要的步骤。

3．表格的网页定位

表格的网页定位，主要是通过将网页内容分成若干个区，然后将相应的内容分别填入不同的表格，从而做成非常规范与专业的网页。下面通过一个实例来讲解表格的网页定位技术，如图 9-12 所示。

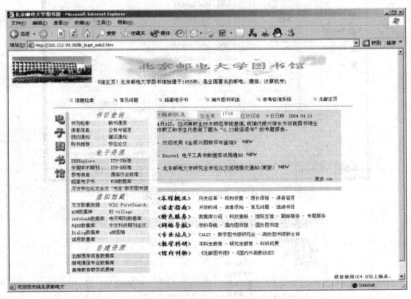

图 9-12　网页定位实例

题头：由两个大的表格组成。

上面大表格是图片区，下面是导航区。图片区分为一行两列，左边是图书馆图片，右边分成两行，上面一行是北京邮电大学图书馆 LOGO，下面一行是一个滚动条。

下面的表格中输入带链接的"馆藏检索 | 常见问题 | 超星电子书 |海外图书采选 | 参考咨询系统 | 北邮主页"信息。

正文区：正文区是由一个两行三列的大表格构建而成的，每一列中或插入单独的表格，或进行拆分，形成多个区域并输入相应的信息，最后组成网页的主要内容。

表格是一种最基本的网页定位技术，它的最大问题在于表格内容的下载比较耗时，往往要一个表格中全部内容下载完成后才能显示该表格内容，因此，对于表格的嵌套使用，大家应该注意，尽量不要嵌套过多的表格以影响页面的下载速度。

9.3　制作网页实例

Dreamweaver 可以制作网页、框架网页等，系统提供了多种模板，便于用户快速制作网页，提高工作效率。

1. 创建新的网页

单击"文件"菜单中"新建"命令，在新建文档窗体中选择"空白页"，页面类型为"HTML"，单击"创建"按钮，如图 9-13 所示。

2. 设置网页属性

在新建的网页编辑窗口空白处单击右键，选择"页面属性"功能，在"大小"下拉列表框中选择 12，并设置页面边距为 0，显示如图 9-14 所示。单击"确定"按钮，完成"页面属性"设置。

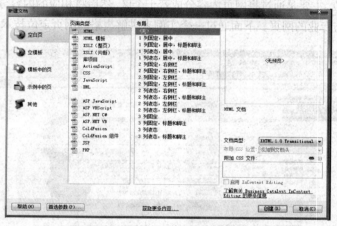

图 9-13　新建 HTML 页面

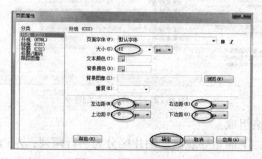

图 9-14　设置网页属性

3．插入表格

具体操作步骤如下。

① 选择"插入"菜单中的"表格"命令，显示"表格"对话框，在"行数"文本框中输入 3，在"列数"文本框中输入 1，在"表格宽度"文本框输入 800，在其后的下拉列表框中选择"像素"选项，并设置其他属性为 0，如图 9-15 所示。

② 单击"确定"按钮。

③ 选择对齐方式：选择插入的表格，单击鼠标右键，在弹出的快捷菜单中选择"对齐"菜单中的"居中对齐"命令，将插入的表格居中对齐。

④ 调整表格宽窄：为了便于查看插入的表格，选择插入的表格，将鼠标移动到表格的下方，当鼠标光标变为 ⥮ 形态时按住鼠标左键不放，将其向下拖曳调整表格的显示高度。

图 9-15　表格设置

⑤ 设置单元格属性：选择插入表格第二行的单元格，在"属性"面板中单击"拆分单元格为行或列"按钮，如图 9-16 所示，把单元格拆分成 2 列，使用鼠标调整表格中单元格的位置，如图 9-17 所示。

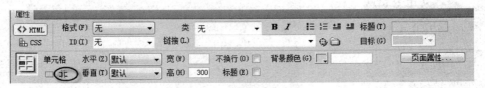

图 9-16　拆分单元格

4．制作导航栏

具体操作步骤如下。

① 将鼠标定位到第 1 行单元格中，单击"插入"菜单中的"图像"命令，在弹出的对话框中选择 top.jpg。

② 将鼠标定位到第 2 行第 1 列单元格中，在属性栏设置"水平"为"居中对齐"，"垂直"为"顶端对齐"。单击"插入"菜单中的"图像"命令，在弹出的对话框中选择 left01.jpg，同样方法在第三行到第七行的第一列分别插入图像 left02jpg，left03.jpg，left04.jpg，left05.jpg，left06.jpg，如图 9-18 所示。

5. 拆分表格

具体操作步骤如下。

① 将表格第 2 行第 2 列单元格拆分为 2 行，并在第 1 行内输入"大学生活规划"，设置单元格"水平"属性为居中对齐。

② 将"大学生活规划"内容复制到第 3 行第 2 列单元格内，如图 9-19 所示。

图 9-17　单元格调整

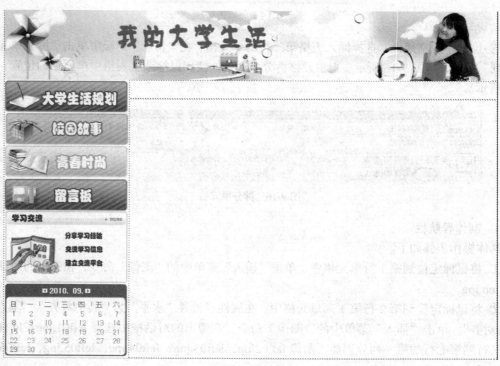

图 9-18　插入图像

6. 添加水平线

① 将鼠标定位到第一段文字末尾，单击"插入/HTML"菜单中的"水平线"命令，在输入文本的下方插入水平线，如图 9-20 所示。

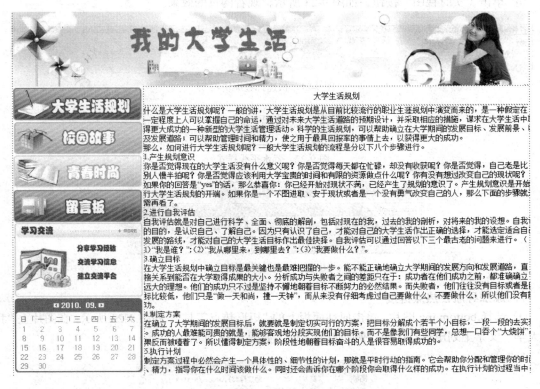

图 9-19　输入文字

图 9-20　插入水平线

② 选中新插入的水平线，在"属性"面板中单击![]按钮，在弹出的"编辑标签"栏中输入"<hr align="center"noshade="noshade" color="#f60000" />"，将水平线的颜色设置为"红色"，如图9-21 和图 9-22 所示。

③ 单击"实时视图"按钮，如图 9-23 所示，观看网页的效果。

图 9-21　快速标签编辑器

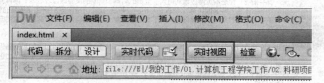

图 9-22　置水平线样式

图 9-23　实时视图按钮

7. 添加导航栏热点链接

① 选择 bottom.jpg 图片，单击属性面板上的"矩形热点工具"，如图 9-24 所示，在图片上"我的大学"文字上划出热点区域，例如矩形方框，如图 9-25 所示。

图 9-24　矩形热点工具

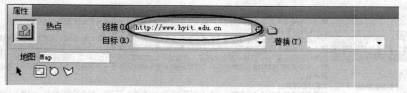

图 9-25　划出热点区域

② 在"热点"属性内，输入链接地址"http://www.hyit.edu.cn"，如图 9-26 所示。

图 9-26　设置链接属性

③ 单击"文件"菜单中的"保存"命令，将制作的网页保存为 index.html。按【F12】预览网页，单击"我的大学"观看链接效果。

④ 用同样的方法制作导航栏"校园故事"页面 xygs.html、"青春时尚"页面 qcss.html。

⑤ 选择 index.html 网页，单击左侧导航栏"校园故事"图片，在属性面板中单击"链接"右侧文件夹按钮，并在弹出窗口中选择 xygs.html，设置图片的边框为 0。单击"青春时尚"图片，在属性面板中单击"链接"右侧文件夹按钮，并在弹出窗口中选择 qcss.html,设置图片的边框为 0，如图 9-27 所示。

图 9-27　设置图片链接

⑥ 用同样的方法，在 xygs.html 和 qcss.html 页面设置左侧导航栏图片的超级链接。

⑦ 按【F12】键预览网页，单击左侧导航图片，观看链接效果，如图 9-28 所示。

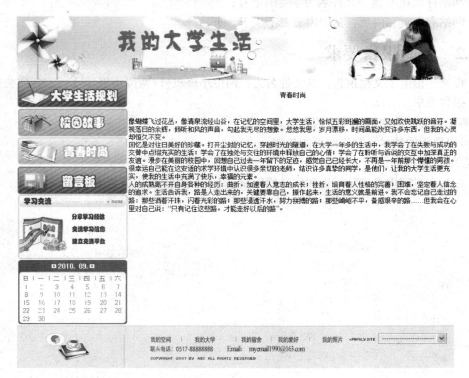

图 9-28　网页效果图

9.4　实 验 目 的

➤ 掌握创建和管理一个网站的方法。

➤ 掌握网页文档的创建、保存等基本操作。

➤ 学会在网页中插入文本、图形、图像、表格和超级链接等元素的方法。

➤ 使用 Dreamweaver CS4 制作简单的网站。

9.4.1　实验内容和要求

1.　制作网页

（1）制作一个个人简历网页。

（2）制作一个电子相册网页。

（3）制作一个音乐欣赏网页。

具体要求：

（1）学生自愿结合，两人提交一个作品（自选一题）；

（2）使用所学的制作网页技术，完成网页的设计和制作任务。

2.　创建一个个人网站

具体要求：

（1）学生自愿组合，两人提交一个网站；

（2）网站存放在 E 盘，文件名为学生的学号；

（3）网站有主页和内页，其中内页要不少于 3 页。

9.4.2　实验报告要求

（1）提交一份电子文档报告，其文件名为：两位小班班号+两位小班学号+姓名+实验#。

（2）报告要求

① 两人提交一份网页和网站的作品。

② 写出使用的技术、制作网页的步骤。

③ 总结收获和体会。

（3）在规定时间内将实验报告和作品的压缩包上传到指定的服务器上。